Barbara Weber

Mathematik

Formelknacker

POCKET TEACHER

Download: PowerPoint-Referat

1. Rufe die Internetseite auf:
   www.cornelsen.de/pocket-teacher
2. Gib den Webcode ein: **PT227754**

Cornelsen
SCRIPTOR

Die Autorin:
Barbara Weber ist eine erfahrene Mathematiklehrerin und unterrichtet an einem Gymnasium.

Für die neue Ausgabe wurde dieser Band vollständig aktuallisiert und erweitert.

www.cornelsen.de

Bibliografische Information: Die Deutsche Bibliothek verzeichnet diese Publikation in der Deutschen Nationalbibliografie; detaillierte bibliografische Daten sind im Internet über http://dnb.ddb.de abrufbar.

Dieses Werk berücksichtigt die Regeln der deutschen Rechtschreibung, die seit August 2006 gelten.

5. 4. 3. 2. 1. Die letzten Ziffern bezeichnen
13 12 11 10 09 Zahl und Jahr der Auflage.

Projektleitung: Anja Sokoll, Berlin
Redaktion: E. E. Conrad, Frankfurt am Main
Redaktionelle Neubearbeitung: Markus Holm, Berlin
Reihengestaltung: Magdalene Krumbeck, Wuppertal
Satz und Layout: Dagmar & Torsten Lemme, Berlin
Herstellung: Uwe Pahnke, Berlin
Sachzeichnungen: Stefan Giertzsch und R. J. Fischer, Berlin
Umschlagentwurf: Patricia Müller und R. J. Fischer, Berlin
Druck und Bindearbeiten: CPI – Clausen & Bosse, Leck
Printed in Germany
ISBN 978-3-589-22775-4

Gedruckt auf säurefreiem Papier,
umweltschonend hergestellt aus chlorfrei gebleichten Faserstoffen.

Inhalt

Vorwort

Liebe Schülerinnen und Schüler!
Dieser handliche POCKET TEACHER bringt dir viele Vorteile: Er informiert knapp und genau. Regeln, Erklärungen, Lösungsverfahren, Beispiele, Tabellen – alles ist übersichtlich geordnet und leicht verständlich.
Du kannst die gewünschten Infos am schnellsten über das Stichwortverzeichnis am Ende des Bandes finden. – Stichwort vergessen? Dann schau am besten ins Inhaltsverzeichnis und suche im entsprechenden Kapitel nach diesem oder einem ähnlichen Begriff! – Stichwörter sind durch Fettdruck hervorgehoben.

Der POCKET TEACHER Mathematik Formelknacker stellt knapp wichtige Gesetze und Regeln dar, die zu wichtigen Gebieten der Mathematik aus dem Stoff der Sekundarstufe I gehören. Auf viele Formeln, Regeln und Verfahren folgen Beispiele, die deren Anwendung erläutern oder auf Besonderheiten hinweisen.

Teste dein Wissen! Am Ende jedes Kapitels werden die wichtigsten Inhalte in einer Checkliste abgefragt. So kannst du dein Wissen schnell testen. Entdeckst du noch Lücken, dann gibt es hier Hinweise, welche Seiten du noch einmal genau lesen solltest.

BEACHTE Natürlich kann die POCKET-TEACHER-Reihe ausführliche Schulbücher mit Übungen und Beispielen nicht ersetzen. Das soll sie auch nicht. Sie ist deine Merkhilfe-Bibliothek für alle Gelegenheiten, besonders für Hausaufgaben oder die Vorbereitung auf Klassenarbeiten und Abschlussprüfungen.

Viele Formeln, Rechenregeln oder Lösungsverfahren können im POCKET TEACHER Mathematik Formelknacker aus Platzgründen nur kurz behandelt werden. Ausführlicher ist vieles in einem der drei folgenden POCKET TEACHER erklärt:

- POCKET TEACHER Mathematik Algebra
- POCKET TEACHER Mathematik Gleichungen und Funktionen
- POCKET TEACHER Mathematik Geometrie

Wenn du zusätzliches Übungsmaterial suchst, dann schau dir doch einmal die Reihe „Besser in Mathematik“ an. Dort findest du reichlich Erklärungen und Aufgaben.

1 Allgemeines

1.1 Abkürzungen und mathematische Zeichen

$=$	gleich
$\neq$	ungleich
$<$	kleiner als
$>$	größer als
$\leq$	kleiner oder gleich
$\geq$	größer oder gleich
$:=$	nach Definition gleich
$\approx$	ungefähr, gerundet
$\triangleq$	entspricht
$\cong$	kongruent, deckungsgleich
$\sim$	proportional, ähnlich
$\equiv$	identisch
$\ldots$	und so weiter bis
%	Prozent
∞	unendlich
$\parallel$	parallel zu
$\perp$	senkrecht auf, rechtwinklig zu, orthogonal
$\triangle ABC$	Dreieck mit den Eckpunkten ABC
$\measuredangle$	Winkel
⦜	rechter Winkel, Winkel von 90°
AB	Gerade durch die Punkte A und B
$\overline{AB}$	Strecke zwischen den Punkten A und B
$m_{\overline{AB}}$	Mittelsenkrechte zur Strecke AB
h_c	Höhe im Dreieck zur Seite c
$\vec{a}, \overrightarrow{AB}$	Vektoren
$\vec{a} \oplus \vec{b}$	Vektoraddition

$\begin{pmatrix} x \\ y \end{pmatrix}$	Spaltenschreibweise für den Vektor mit Komponenten x und y
a^2	a hoch 2, a Quadrat, $a \cdot a$
a^n	a hoch n (Potenz), $a \cdot a \cdot \ldots \cdot a$ (n Faktoren)
$\sqrt{}$	Quadratwurzel aus
$\sqrt[n]{}$	n-te Wurzel aus
$\lvert x \rvert$	absoluter Betrag von x; $\lvert x \rvert = \begin{cases} x \text{ für } x \geq 0 \\ -x \text{ für } x < 0 \end{cases}$
A, B, M_1	Bezeichnungen für Mengen
$\{a; b; c\}$	Menge mit den Elementen a, b und c
$\varnothing, \{\ \}$	leere Menge
L_x	Lösungsmenge für x
D	Definitionsmenge
$\{x \mid \ldots\}$	Menge aller x, für die gilt: …
$\in$	Element von
$\notin$	nicht Element von
$\subseteq$	Teilmenge von
$\subset$	echte Teilmenge von
$A \cap B$	A geschnitten B, Schnittmenge von A und B
$A \cup B$	A vereinigt B, Vereinigungsmenge von A und B
$A \setminus B$	Differenzmenge A ohne B
$]a, b[$	offenes Intervall von a bis b, a und b sind nicht mit eingeschlossen, $\{x \mid a < x < b\}$
$[a, b]$	abgeschlossenes Intervall von a bis b, $\{x \mid a \leq x \leq b\}$
$\mathbb{N}$	Menge der natürlichen Zahlen
$\mathbb{N}_0$	Menge der natürlichen Zahlen einschließlich 0
$\mathbb{Z}$	Menge der ganzen Zahlen
$\mathbb{Q}$	Menge der rationalen Zahlen
$\mathbb{R}$	Menge der reellen Zahlen
$\mathbb{R}^+$	Menge der positiven reellen Zahlen
$\mathbb{R}_0^+$	Menge der positiven reellen Zahlen einschließlich 0
$\mathbb{R}^-$	Menge der negativen reellen Zahlen
$a \mid b$	a teilt b, a ist Teiler von b
$a \nmid b$	a teilt nicht b, a ist nicht Teiler von b
$\Rightarrow$	wenn …, dann … $A \Rightarrow B$: Aus A folgt B.

$\Leftrightarrow$	genau dann, wenn (Äquivalenz)	$A \Leftrightarrow B$:	Aus A folgt B UND aus B folgt A.
$\wedge$	und (Konjunktion)		
$\vee$	oder (Disjunktion)		
$f(x)$	f von x, Funktionswert der Funktion f an der Stelle x		
$(a; b)$	geordnetes Paar		
$P(a; b)$	Punkt P mit den Koordinaten a und b		
$\log_a x$	Logarithmus von x zur Basis a		
$\lg x$	Logarithmus von x zur Basis 10 (dekadischer Logarithmus)		
$\ln x$	Logarithmus von x zur Basis e (natürlicher Logarithmus)		
sin	Sinus		
cos	Kosinus		
tan	Tangens		
cot	Kotangens		
arcsin	Arkussinus		
arccos	Arkuskosinus		
arctan	Arkustangens		
e	e, EULER'sche Zahl $e = 2{,}718\,281\,828\,459\,045\,235\,36\ldots$		
π	Pi, LUDOLF'sche Zahl $\pi = 3{,}141\,592\,653\,589\,793\,238\,46\ldots \approx \frac{22}{7}$		
$\begin{vmatrix} a & b \\ c & d \end{vmatrix}$	zweireihige Determinante $\begin{vmatrix} a & b \\ c & d \end{vmatrix} = a \cdot d - c \cdot b$		
$n!$	n-Fakultät, $n! = 1 \cdot 2 \cdot 3 \cdot \ldots \cdot n;\ n \in \mathbb{N}$		
$\binom{n}{k}$	n über k (Binomialkoeffizient)		
$\sum_{k=1}^{n} a_k$	Summe aller a_k für $k = 1$ bis n		
$\prod_{k=1}^{n} a_k$	Produkt aller a_k für $k = 1$ bis n		
$\overline{x}$	arithmetisches Mittel		

1.2 Griechische Buchstaben

α	β	γ	δ	ε	ζ	η	ν	ι	ϰ	λ	μ
Alpha	Beta	Gamma	Delta	Epsilon	Zeta	Eta	Theta	Jota	Kappa	Lambda	My
ν	ξ	ο	π	ϱ	σ	τ	υ	φ	χ	ψ	ω
Ny	Xi	Omikron	Pi	Rho	Sigma	Tau	Ypsilon	Phi	Chi	Psi	Omega

1.3 Ziffernsysteme

Stellenwertsysteme

Zehnersystem (dekadisches System)

Jede natürliche Zahl lässt sich als Summe von Vielfachen von *Zehnerpotenzen* darstellen. Zur Darstellung einer *Zahl* benötigt man 10 *Ziffern*: „0“, „1“, „2“, …, „9“.

BEISPIEL $846 = 8 \cdot 10^2 + 4 \cdot 10^1 + 6 \cdot 10^0$

$= \underset{\text{Hunderter}}{8 \cdot 100} + \underset{\text{Zehner}}{4 \cdot 10} + \underset{\text{Einer}}{6 \cdot 1} = 800 + 40 + 6$

Zweiersystem (Dualsystem, binäres System)

Jede natürliche Zahl lässt sich als Summe von Vielfachen von *Zweierpotenzen* darstellen. Zur Darstellung benötigt man zwei Ziffern: „0“ und „1“.

Dieses System benötigt man in der Computertechnik: „0“ entspricht „aus“, „1“ entspricht „ein“ (↗ S. 17).

BEISPIELE

- Umwandlung einer Zahl im Dualsystem in eine Zahl im Zehnersystem:
  $1\,101_2 = 1 \cdot 2^3 + 1 \cdot 2^2 + 0 \cdot 2^1 + 1 \cdot 2^0$
  $= 1 \cdot 8 + 1 \cdot 4 + 0 \cdot 2 + 1 \cdot 1 = 8 + 4 + 0 + 1 = 13$
- Umwandlung einer Zahl im Zehnersystem in eine Zahl im Dualsystem:
  $87 = 1 \cdot 64 + 0 \cdot 32 + 1 \cdot 16 + 0 \cdot 8 + 1 \cdot 4 + 1 \cdot 2 + 1 \cdot 1$
  $= 1 \cdot 2^6 + 0 \cdot 2^5 + 1 \cdot 2^4 + 0 \cdot 2^3 + 1 \cdot 2^2 + 1 \cdot 2^1 + 1 \cdot 2^0$
  $= 1\,010\,111_2$

Römische Ziffern

Die Zahldarstellung beruht auf der Addition (bzw. Subtraktion) der Werte von 7 Ziffern.

Ziffern:	
I	1
V	5
X	10
L	50
C	100
D	500
M	1 000

Regeln zur Schreibweise:

- Man beginnt links mit der größten Ziffer.
- Beachte: Zu Beginn kann auch durch Subtraktion eine kleinere Ziffer stehen.
- Die Ziffern I, X, C werden höchstens dreimal hintereinander geschrieben.
- Die Ziffern V, L, D werden nie mehrmals hintereinander geschrieben.
- Die Zahlenwerte der Ziffern werden normalerweise addiert.
  Ausnahme: Steht eine Ziffer einer kleineren Zahl vor der einer größeren, so wird ihr Wert von der nachfolgenden größeren Ziffer subtrahiert.
- Subtrahiert wird nur, wenn es keine andere Möglichkeit zur Darstellung einer Zahl gibt. Beachte: Es darf immer nur *eine* Ziffer einer kleineren Zahl vor der einer größeren stehen.

BEISPIELE

- III $1 + 1 + 1 = 3$
- IV $5 - 1 = 4$
- VII $5 + 1 + 1 = 7$
- IX $10 - 1 = 9$
- XI $10 + 1 = 11$
- XXXIX $10 + 10 + 10 + 10 - 1 = 39$
- XL $50 - 10 = 40$
- XLI $50 - 10 + 1 = 41$
- XCVII $100 - 10 + 5 + 1 + 1 = 97$
- XCIX $100 - 10 + 10 - 1 = 99$
- MCMXCIX $1\,000 + 1\,000 - 100 + 100 - 10 + 10 - 1 = 1\,999$
- DCCCLXXXVIII $500 + 100 + 100 + 100 + 50 + 10 + 10 + 10 + 5 + 1 + 1 + 1 = 888$

1.4 Darstellung von Dezimalzahlen mithilfe abgetrennter Zehnerpotenzen

Große rationale Zahlen a ($a > 1$) drückt man zweckmäßig als Multiplikation einer Dezimalzahl größer als 1 und kleiner als 10 und einer ***Zehnerpotenz*** aus.

BEISPIEL $5\,740\,000 = 5{,}74 \cdot 10^6$

Bei kleinen rationalen Zahlen a ($a < 1$) verfährt man entsprechend.

BEISPIEL $0{,}000\,002\,6 = 2{,}6 \cdot 10^{-6}$

1.5 Rundungsregeln

In der Praxis wird vor allem bei Dezimalzahlen gerundet, da man häufig nicht so viele Nachkommastellen wie vorhanden benötigt. Beim Runden werden alle Ziffern, die auf eine bestimmte Ziffer folgen, durch Nullen ersetzt.

Abrunden: Die betreffende Ziffer wird nicht verändert, wenn ihr – vor dem Runden – eine 0, 1, 2, 3 oder 4 folgte.

BEISPIEL Wir runden auf zwei Nachkommastellen:

$3{,}462 \approx 3{,}46$

$12{,}563\,678\,9 \approx 12{,}56$

Aufrunden: Die betreffende Ziffer wird um 1 erhöht, wenn ihr – vor dem Runden – eine 5, 6, 7, 8 oder 9 folgte.

BEISPIEL Wir runden auf zwei Nachkommastellen:

$4{,}218\,3 \approx 4{,}22$

$13{,}899\,11 \approx 13{,}90$

SONDERFALL Wird eine „9“ um 1 erhöht (vgl. das letzte Beispiel), wird aus „9“ eine „0“ und die vorstehende Ziffer erhöht sich um 1. Die „0“ am Ende wird mitgeschrieben. Das verdeutlicht, dass gerundet wurde.

1.6 Maßeinheiten

Zeitmaße:

1 Jahr = 365 Tage
1 Tag = 24 h
1 h = 60 min
1 min = 60 s

Gewichtsmaße:

1 Mt = 1 000 kt
1 kt = 1 000 t
1 t = 1 000 kg
1 kg = 1 000 g
1 g = 1 000 mg

1 Pfund ≈ 0,45g

Zeitmer

Pfun

Längenmaße:

1 km = 1 000 m
1 m = 10 dm
1 dm = 10 cm
1 cm = 10 mm
also: 1 m = 1 000 mm

Flächenmaße:

$1\,km^2 = 100\,ha$
$1\,ha = 100\,a$
$1\,a = 100\,m^2$
$1\,m^2 = 100\,dm^2$
$1\,dm^2 = 100\,cm^2$
$1\,cm^2 = 100\,mm^2$
also: $1\,m^2 = 1\,000\,000\,mm^2$

Raummaße:

$1\,m^3 = 1\,000\,dm^3$
$1\,dm^3 = 1\,000\,cm^3$
$1\,cm^3 = 1\,000\,mm^3$
also: $1\,m^3 = 1\,000\,000\,000\,mm^3$

Hohlmaße:
1 Hektoliter = 100 l (Liter)
1 l = 1 000 ml (Milliliter) = 1 dm^3
1 ml = 1 cm^3

1.7 Bezeichnungen bei Maßeinheiten

Bezeichnung	Zeichen	Bedeutung
Tera	T	10^{12}-fach
Giga	G	10^{9}-fach
Mega	M	10^{6}-fach
Kilo	k	10^{3}-fach
Hekto	h	10^{2}-fach
Deka	da	10-fach
Dezi	d	10^{-1}-fach
Zenti	c	10^{-2}-fach bzw. 100. Teil
Milli	m	10^{-3}-fach bzw. 1 000. Teil
Mikro	µ	10^{-6}-fach bzw. 10^{6}ter Teil
Nano	n	10^{-9}-fach bzw. 10^{9}ter Teil
Piko	p	10^{-12}-fach bzw. 10^{12}ter Teil
Femto	f	10^{-15}-fach bzw. 10^{15}ter Teil
Atto	a	10^{-18}-fach bzw. 10^{18}ter Teil

SONDERFALL In der EDV bedeutet „Kilo" nicht „1 000", sondern „2^{10} = 1 024".
Entsprechend bedeutet „Mega" nicht 1 000 · 1 000, sondern 1 024 · 1 024.
1 Megabyte = 1 024 Kilobyte = 2^{10} Kilobyte = $2^{10} \cdot 2^{10}$ Byte
1 Kilobyte = 2^{10} Byte
1 Byte = 2^3 = 8 (kleinste adressierbare Einheit)
1 bit: Binärentscheidung (0 oder 1, nein/ja, wahr/falsch, …)

Teste dein Wissen!

Kapitel „Allgemeines“	O. K. ✓	Das muss ich noch mal lesen
Ich kann erklären, was ein Stellenwertsystem ist, und Beispiele nennen.		S. 13
Ich kann beschreiben, wie sich der Wert einer Stelle im Zehnersystem ergibt.		S. 13
Ich kann beschreiben, wie sich der Wert einer Stelle im Zweiersystem ergibt.		S. 13
Ich kann eine Zahl vom Zweiersystem ins Zehnersystem umwandeln und umgekehrt.		S. 13
Ich kann römische Zahlen lesen und kann Zahlen als römische Zahlen schreiben.		S. 14
Ich kann auf eine bestimmte Stelle einer Zahl auf- bzw. abrunden.		S. 15
Ich kann die gängigen Maßeinheiten nennen und kann Größen in kleinere oder größere Einheiten umwandeln.		S. 16, 17

Arithmetik

2.1 Mengen

Grundbegriffe und Darstellung

Beliebig ausgewählte Zahlen (oder auch andere Größen) kann man zu *Zahlenmengen (Mengen)* zusammenfassen.

Symbol	Erklärung	BEISPIEL
$A, B, M, N, \ldots$	Großbuchstaben bezeichnen Mengen.	VENN-***Diagramm*** 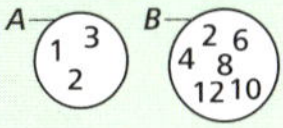
$a, b, x, y, \ldots$	Kleinbuchstaben bezeichnen ***Elemente*** von Mengen.	
$A = \{a_1; a_2; \ldots; a_n\}$	Bezeichnung für die Menge A mit den Elementen $a_1, a_2, \ldots, a_n$	$A = \{1; 2; 3; 4; 5\}$ Mengenklammer
$\{x\}$	Bezeichnung für eine Menge mit einem Element x	
$\{x \mid A(x)\}$	Bezeichnet die Menge aller x, für die die Erfüllungsmenge der Aussageform $A(x)$ zutrifft	$\{x \mid x > 4\}$ $= \{5; 6; 7; 8; \ldots\}$
$\{\ \}$ oder $\varnothing$	Bezeichnet eine ***leere Menge***, Menge ohne Elemente	
$x \in A$	Das Element x gehört zur Menge A, sprich: „x Element von A“.	$1 \in A$
$x \notin B$	Das Element x gehört nicht zur Menge B, sprich: „x nicht Element von B“.	$1 \notin B$

Beziehungen zwischen Mengen; Verknüpfung von Mengen

Symbol	Erklärung	BEISPIEL
$A \subseteq B$	A ist ***Teilmenge*** von B: Alle Elemente von A sind auch Elemente von B. Gleichheit von A und B ist erlaubt.	$A = \{1; 2\}; B = \left\{1; \frac{4}{2}\right\}$ $\{1; 2\} \subseteq \left\{1; \frac{4}{2}\right\}$ Es gilt sogar $A = B$.
$A \subset B$	A ist echte Teilmenge von B: Gleichheit ist nicht erlaubt.	$A = \{2; 4\}; B = \{1; 2; 3; 4\}$ $\{2; 4\} \subset \{1; 2; 3; 4\}$
$A \cap B$	A geschnitten mit B: ***Schnittmenge*** Menge der Elemente, die gleichzeitig zu A und B gehören.	$A = \{1; 2; 3\};$ $B = \{3; 4; 5\}$ $\{1; 2; 3\} \cap \{3; 4; 5\} = \{3\}$
$A \cup B$	A vereinigt mit B: ***Vereinigungsmenge*** Menge aller Elemente, die zu A oder B gehören	$A = \{1; 3\};$ $B = \{3; 4; 5\}$ $\{1; 3\} \cup \{3; 4; 5\}$ $= \{1; 3; 4; 5\}$
$A \backslash B$	A ohne B: ***Komplementmenge, Differenzmenge*** Menge aller Elemente von A, die nicht gleichzeitig zu B gehören	$A = \{1; 2; 3\};$ $B = \{3; 4; 5\}$ $\{1; 2; 3\} \backslash \{3; 4; 5\} = \{1; 2\}$

Wichtige Zahlenmengen

Symbol	Erklärung
$\mathbb{N} = \{1; 2; 3; 4; 5; 6; \ldots\}$	***Menge der natürlichen Zahlen***
$\mathbb{N}_0 = \{0; 1; 2; 3; 4; 5; \ldots\}$	$\mathbb{N} \cup \{0\}$
$\mathbb{Z} = \{\ldots; -2; -1; 0; 1; 2; \ldots\}$	***Menge der ganzen Zahlen***
$\mathbb{Q} = \left\{\frac{m}{n} \mid n; m \in \mathbb{Z} \wedge m \neq 0\right\}$	***Menge der rationalen Zahlen*** (Brüche)

Symbol	Erklärung
$\mathbb{Q}^- = \{x \in \mathbb{Q} \mid x < 0\}$	Menge der negativen rationalen Zahlen
$\mathbb{Q}^+ = \{x \in \mathbb{Q} \mid x > 0\}$	Menge der positiven rationalen Zahlen
$\mathbb{R}$	***Menge der reellen Zahlen*** bzw. Menge der rationalen und irrationalen Zahlen (rationale Zahlen: abbrechende oder ***periodische Dezimalzahlen,*** z. B. 4,153 oder $3,\overline{2}$; ***irrationale Zahlen:*** nichtabbrechende und nichtperiodische Dezimalzahlen, z. B. π, ↗ S. 12)

2.2 Rechenverknüpfungen und deren Bezeichnungen

	Rechenverknüpfung	für x	für y	für z
$z = x + y$	***Addition***	***Summand***	Summand	***Summe***
$z = x - y$	***Subtraktion***	***Minuend***	***Subtrahend***	***Differenz***
$z = x \cdot y$	***Multiplikation***	***Faktor***	Faktor	***Produkt***
$z = x : y$ $(y \neq 0)$	***Division***	***Dividend***	***Divisor***	***Quotient***

2.3 Gesetze der Grundrechenarten

Kommutativgesetze bzw. ***Vertauschungsgesetze:***
1.) $a + b = b + a$ 2.) $a \cdot b = b \cdot a$

BEISPIELE

- $3 + 5 = 8 = 5 + 3$
- $4 \cdot 6 = 24 = 6 \cdot 4$

BEACHTE
Subtraktion und Division sind nicht kommutativ!

BEISPIELE
- $5 - 2 = 3 \neq 2 - 5 = -3$
- $6 : 3 = 2 \neq 3 : 6 = \frac{1}{2}$

Assoziativgesetze bzw. ***Verbindungsgesetze:***
1.) $(a + b) + c = a + (b + c)$ 2.) $(a \cdot b) \cdot c = a \cdot (b \cdot c)$

BEISPIELE
- $(10 + 8) + 6 = 18 + 6 = 24 = 10 + 14 = 10 + (8 + 6)$
- $(2 \cdot 4) \cdot 6 = 8 \cdot 6 = 48 = 2 \cdot 24 = 2 \cdot (4 \cdot 6)$

Distributivgesetze bzw. ***Verteilungsgesetze:***
1.) $a \cdot (b + c) = a \cdot b + a \cdot c$ bzw. $a \cdot (b - c) = a \cdot b - a \cdot c$
2.) $(a + b) \cdot c = a \cdot c + b \cdot c$ bzw. $(a - b) \cdot c = a \cdot c - b \cdot c$

BEISPIELE
- $3 \cdot (4 + 5) = 3 \cdot 4 + 3 \cdot 5 = 12 + 15 = 27 = 3 \cdot 9 = 3 \cdot (4 + 5)$
- $5 \cdot (4 - 3) = 5 \cdot 4 - 5 \cdot 3 = 20 - 15 = 5 = 5 \cdot 1 = 5 \cdot (4 - 3)$

2.4 Rechnen mit natürlichen Zahlen

Teilbarkeit

Eine natürliche Zahl a heißt Teiler von b, wenn eine weitere natürliche Zahl x gefunden werden kann, sodass gilt: $a \cdot x = b$.

- Man sagt dann auch „b ist teilbar durch a" und schreibt kurz: $a \mid b$ (a teilt b).

BEISPIEL 6 heißt Teiler von 72, denn eine Zahl x (hier 12) wird hier gefunden, sodass gilt: $6 \cdot 12 = 72$.
Also: „72 ist teilbar durch 6", kurz: $6 \mid 72$ (6 teilt 72).

- Ist a kein Teiler von b, so schreibt man $a \nmid b$ (a teilt nicht b).

BEISPIELE $5 \mid 25$ $30 \mid 30$ $1 \mid 233$
$14 \mid 0$ $3 \mid 93$ $2 \nmid 11$

SONDERFÄLLE Im Folgenden sei $n \in \mathbb{N}$.

- $n|0$ Die Null ist durch alle Zahlen teilbar. $0 : 4 = 0$; $\frac{0}{3} = 0$

  Fehlerquelle: Eine Zahl darf man nie durch null teilen!

- $n|n$ Jede Zahl ist durch sich selbst teilbar. $5 : 5 = 1$; $\frac{19}{19} = 1$
- $1|n$ Jede Zahl ist durch 1 teilbar. $5 : 1 = 5$; $\frac{19}{1} = 19$

Teilermenge

Die Menge aller Teiler einer natürlichen Zahl n nennt man Teilermenge von n und schreibt T_n. Die Anzahl der Teiler natürlicher Zahlen ist oft sehr verschieden.

BEISPIELE

- Teilermenge von 24: $T_{24} = \{1; 2; 3; 4; 6; 8; 12; 24\}$
- Teilermenge von 50: $T_{50} = \{1; 2; 5; 10; 25; 50\}$
- Teilermenge von 14: $T_{14} = \{1; 2; 7; 14\}$
- Teilermenge von 7: $T_7 = \{1; 7\}$

2.5 Primzahlen

Eine ***Primzahl*** ist eine natürliche Zahl größer als 1, die nur durch sich selbst und durch 1 teilbar ist (eine natürliche Zahl mit genau zwei Teilern).

Primzahlen bis 1 000:

2	3	5	7	11	13	17	19
23	29	31	37	41	43	47	53
59	61	67	71	73	79	83	89
97	101	103	107	109	113	127	131
137	139	149	151	157	163	167	173
179	181	191	193	197	199	211	223
227	229	233	239	241	251	257	263
269	271	277	281	283	293	307	311
313	317	331	337	347	349	353	359

367	373	379	383	389	397	401	409
419	421	431	433	439	443	449	457
461	463	467	479	487	491	499	503
509	521	523	541	547	557	563	569
571	577	587	593	599	601	607	613
617	619	631	641	643	647	653	659
661	673	677	683	691	701	709	719
727	733	739	743	751	757	761	769
773	787	797	809	811	821	823	827
829	839	853	857	859	863	877	881
883	887	907	911	919	929	937	941
947	953	967	971	977	983	991	997

Als ***Primzahlzwillinge*** bezeichnet man zwei aufeinander folgende Primzahlen, deren Abstand 2 beträgt.

BEISPIELE 11; 13 17; 19 29; 31 41; 43 59; 61

Sieb des Eratosthenes

Verfahren (Algorithmus) zur Bestimmung von Primzahlen von 2 bis N (z. B. $N = 100$):

1. Notiere alle Zahlen von 2 bis N.
2. Markiere die Zahl 2 und streiche jedes Vielfache von 2.
3. Ist n die erste nichtgestrichene Zahl, so markiere n und streiche jedes Vielfache von n.
4. Wiederhole Schritt 3 für alle n, für die gilt $n^2 \leq N$. Gilt $n^2 > N$, so beende das Verfahren.
5. Alle markierten, d. h. nichtgestrichenen Zahlen sind Primzahlen.

BEISPIEL Bestimmung der Primzahlen bis 100:

	~~2~~	3	~~4~~	5	~~6~~	7	~~8~~	~~9~~	~~10~~
11	~~12~~	13	~~14~~	~~15~~	~~16~~	17	~~18~~	19	~~20~~
~~21~~	~~22~~	23	~~24~~	~~25~~	~~26~~	~~27~~	~~28~~	29	~~30~~
31	~~32~~	~~33~~	~~34~~	~~35~~	~~36~~	37	~~38~~	~~39~~	~~40~~
41	~~42~~	43	~~44~~	~~45~~	~~46~~	47	~~48~~	~~49~~	~~50~~
~~51~~	~~52~~	53	~~54~~	~~55~~	~~56~~	~~57~~	~~58~~	59	~~60~~
61	~~62~~	~~63~~	~~64~~	~~65~~	~~66~~	67	~~68~~	~~69~~	~~70~~
71	~~72~~	73	~~74~~	~~75~~	~~76~~	~~77~~	~~78~~	79	~~80~~
~~81~~	~~82~~	83	~~84~~	~~85~~	~~86~~	~~87~~	~~88~~	89	~~90~~
~~91~~	~~92~~	~~93~~	~~94~~	~~95~~	~~96~~	97	~~98~~	~~99~~	~~100~~

(Vgl. die nichtgestrichenen Zahlen mit den auf S. 23 aufgelisteten Primzahlen.)

Primfaktorzerlegung

Man kann jede natürliche Zahl in ein Produkt seiner Teiler zerlegen. Dabei kann man den Vorgang so lange wiederholen, bis das zugehörige Produkt nur noch aus Primzahlen besteht (Primfaktorzerlegung).

Und so erhält man eine Primfaktorzerlegung:

Man spaltet zunächst den kleinsten Primteiler ab. Der neu entstandene Faktor wird ebenso zerlegt. Dies setzt man fort, bis alle Faktoren Primzahlen sind.

BEISPIEL

$$\begin{aligned} 2\,100 &= 2 \cdot 1\,050 \\ &= 2 \cdot 2 \cdot 525 \\ &= 2 \cdot 2 \cdot 3 \cdot 175 \\ &= 2 \cdot 2 \cdot 3 \cdot 5 \cdot 35 \\ &= 2 \cdot 2 \cdot 3 \cdot 5 \cdot 5 \cdot 7 \\ &= 2^2 \cdot 3 \cdot 5^2 \cdot 7 \end{aligned}$$

Die Primfaktorzerlegung ist eindeutig. Es gibt zu einer Zahl n (bis auf die Reihenfolge) nur eine mögliche Zerlegung.

ggT und kgV – größter gemeinsamer Teiler und kleinstes gemeinsames Vielfache

Auffinden des ggT durch Primfaktorzerlegung

Den ggT zweier Zahlen erhält man durch Multiplizieren der niedrigsten Potenzen der in beiden Primfaktorzerlegungen gleichzeitig vorkommenden Primteiler. Zahlen, bei denen der größte gemeinsame Teiler 1 ist, heißen teilerfremd.

BEISPIEL Gesucht ist der ggT von 2 940 und 5 390.
Zerlegung beider Zahlen in Primfaktoren:

$2\,940 = 2 \cdot 2 \cdot 3 \cdot 5 \cdot 7 \cdot 7 = \mathbf{2^2} \cdot 3 \cdot \mathbf{5} \cdot \mathbf{7^2}$

$5\,390 = 2 \cdot 5 \cdot 7 \cdot 7 \cdot 11 = \mathbf{2} \cdot \mathbf{5} \cdot \mathbf{7^2} \cdot 11$

In beiden Zahlen kommen die Teiler 2; 5 und 7 (sogar zweimal) vor, deshalb gilt: $\text{ggT}(2\,940; 5\,390) = 2 \cdot 5 \cdot 7^2 = 490$

Eine weitere Möglichkeit den ggT zu finden ist der ***„euklidische Algorithmus“***.
Man dividiert die größere von zwei Zahlen durch die kleinere. Anschließend dividiert man die kleinere Zahl durch den Rest der Division usw., bis man den Rest null erhält. Der Divisor, bei dem der Rest 0 bleibt, ist der ggT.

BEISPIEL Wieder sei der ggT von 2 940 und 5 390 gesucht:

$5\,390 : 2\,940 = 1 \text{ Rest } 2\,450$

$2\,940 : 2\,450 = 1 \text{ Rest } 490$

$2\,450 : \mathbf{490} = 5 \text{ Rest } 0$

Also: $\text{ggT}(2\,940; 5\,390) = 490$

Auffinden des kgV durch Primfaktorzerlegung

Das kgV zweier Zahlen erhält man durch Multiplizieren der jeweils höchsten Potenzen aller in den Primfaktorzerlegungen vorkommenden Primteiler.

BEISPIEL Gesucht ist das kgV von 60 und 144.

$60 = 2 \cdot 2 \cdot 3 \cdot 5 = 2^2 \cdot 3^1 \cdot 5^1$

$144 = 2 \cdot 2 \cdot 2 \cdot 2 \cdot 3 \cdot 3 = 2^4 \cdot 3^2$

Also: $\text{kgV}(60; 144) = 2^4 \cdot 3^2 \cdot 5^1 = 720$

Man benötigt das kgV zum Beispiel zur Ermittlung des Hauptnenners bei Brüchen (↗ S. 30).

Teilbarkeitsregeln

Teilbarkeitsregeln benötigt man beim Kürzen von Brüchen, bzw. allgemein bei der Faktorzerlegung.

Es folgen einige Faustregeln:

Teiler *t* *t*|*n*	Teilbarkeitsregel	BEISPIELE
2|*n*	**2** ist Teiler von *n*, wenn *n* eine gerade Zahl ist, d. h. ihre letzte Ziffer eine 2; 4; 6; 8 oder 0 ist.	2| 3**6** 36 : 2 = 18 2| 4367**0** 43 670 : 2 = 21835
3|*n*	**3** ist Teiler von *n*, wenn die Quersumme der Zahl *n* durch 3 teilbar ist.	3|651, denn 6 + 5 + 1 = 12 und 3|12
4|*n*	**4** ist Teiler von *n*, wenn die beiden letzten Ziffern von *n* durch 4 teilbar sind.	4| 53**16** 5 316 : 4 = 1 329
5|*n*	**5** ist Teiler einer Zahl *n*, wenn ihre letzte Ziffer eine 0 oder eine 5 ist.	456**5**; 765**0**; 123**5**; 5600**0**
6|*n*	**6** ist Teiler einer Zahl *n*, wenn auch 2 und 3 Teiler dieser Zahl sind.	6|3 456; denn 2 UND 3 sind Teiler von 3 456
8|*n*	**8** ist Teiler einer Zahl *n*, wenn die letzten drei Ziffern der Zahl durch 8 teilbar sind.	1 **000**; 2 **184**; 45 **792**; 3 **248**
9|*n*	**9** ist Teiler einer Zahl *n*, wenn die Quersumme von *n* durch 9 teilbar ist.	9|315; denn 3 + 1 + 5 = 9 und 9|9
10|*n*	**10** ist Teiler einer Zahl *n*, wenn die letzte Ziffer von *n* eine Null ist.	300**0**; 40**0**; 6**0**; **0**

Teiler t $t\|n$	Teilbarkeitsregel	BEISPIELE
11|n	**11** ist Teiler einer Zahl n, wenn ihre alternierende Quersumme durch **11** teilbar ist.	11|457 193; alternierende Quersumme von 457 193 bilden: 9 + 7 + 4 − (3 + 1 + 5) = 11 11|11, also 11|457 193
25|n	**25** ist Teiler einer Zahl n, wenn die letzten beiden Ziffern von n durch 25 teilbar sind.	46**00**; **75**; 6367**50**
125|n	**125** ist Teiler einer Zahl n, wenn die letzten drei Ziffern Nullen sind oder durch 125 teilbar sind.	257 **125**; 983 **000**; 3 **875**; 234 **750**

2.6 Rechnen mit Bruchzahlen

Brüche beschreiben eine Division.

BEISPIEL $\frac{3}{4} = 3 : 4.$

Den Dividenden (in diesem Fall 3) nennt man ***Zähler,*** den Divisor (hier 4) ***Nenner.*** Der Nenner darf nicht null sein.

Erklärung wichtiger Begriffe	BEISPIELE
Kehrzahlen: $\frac{a}{b}$ und $\frac{b}{a}$ sind zueinander Kehrzahlen	$\frac{3}{4} \cdot \frac{4}{3} = 1$
Gleichheit: $\frac{a}{b} = \frac{c}{d}$, wenn $a \cdot d = b \cdot c$	$\frac{1}{2} = \frac{2}{4} \Leftrightarrow 1 \cdot 4 = 2 \cdot 2 \Leftrightarrow 4 = 4$
Erweitern: $\frac{a}{b} = \frac{a \cdot x}{b \cdot x}$	$\frac{2}{3} = \frac{2 \cdot 2}{3 \cdot 2} = \frac{4}{6}$
Kürzen: $\frac{a}{b} = \frac{a : y}{b : y}$; $y \neq 0$	$\frac{8}{12} = \frac{8 : 4}{12 : 4} = \frac{2}{3}$

BEISPIELE

Addition und Subtraktion:

$$\frac{a}{c}+\frac{b}{c}=\frac{a+b}{c}$$

$$\frac{5}{2}+\frac{1}{2}=\frac{5+1}{2}=\frac{6}{2}$$

$$\frac{a}{c}-\frac{b}{c}=\frac{a-b}{c}$$

$$\frac{2}{3}-\frac{1}{3}=\frac{2-1}{3}=\frac{1}{3}$$

Bruchzahlen lassen sich nur addieren bzw. subtrahieren, wenn die Nenner gleich sind. Bei ungleichem Nenner muss man Brüche ***gleichnamig machen.***

$$\frac{a}{b}+\frac{c}{d}=\frac{ad+bc}{bd}$$

$$\frac{1}{4}+\frac{2}{3}=\frac{1\cdot 3+4\cdot 2}{4\cdot 3}=\frac{3+8}{12}=\frac{11}{12}$$

bzw.

$$\frac{a}{b}-\frac{c}{d}=\frac{ad-bc}{bd}$$

$$\frac{2}{5}-\frac{4}{7}=\frac{2\cdot 7-4\cdot 5}{5\cdot 7}=\frac{14-20}{35}=-\frac{6}{35}$$

Multiplikation: $\frac{a}{c}\cdot\frac{b}{d}=\frac{ab}{cd};\ c, d \neq 0$

$$\frac{2}{5}\cdot\frac{2}{3}=\frac{2\cdot 2}{5\cdot 3}=\frac{4}{15}$$

Bei der Multiplikation werden Zähler und Nenner jeweils miteinander multipliziert.

Kurz: $\frac{\textit{Zahler}\text{ mal }\textit{Zahler}}{\textit{Nenner}\text{ mal }\textit{Nenner}}$

BEACHTE
Vor der Multiplikation kürzen!

$$\frac{6}{7}\cdot\frac{14}{15}=\frac{\cancel{6}^{2}\cdot\cancel{14}^{2}}{\cancel{7}_{1}\cdot\cancel{15}_{5}}=\frac{2\cdot 2}{1\cdot 5}=\frac{4}{5}$$

Division: $\frac{a}{c}:\frac{b}{d}=\frac{ad}{cb};\ b, c, d \neq 0$

$$\frac{4}{5}:\frac{3}{7}=\frac{4\cdot 7}{5\cdot 3}=\frac{28}{15}=1\,\frac{13}{15}$$

Bei der Division wird der Dividend mit der Kehrzahl des Divisors multipliziert.

$$\frac{4}{9}:\frac{6}{5}=\frac{4\cdot 5}{9\cdot 6}=\frac{2\cdot 5}{9\cdot 3}=\frac{10}{27}$$

BEACHTE Dividieren heißt „mit dem Kehrwert multiplizieren“!

BEISPIELE

Hauptnenner: Den kleinsten gemeinsamen Nenner mehrerer Bruchzahlen nennt man Hauptnenner. Man findet ihn durch ***Zerlegung*** der einzelnen Nenner in ***Primfaktoren.***
Das Produkt aus den höchsten Potenzen der einzelnen Primfaktoren ist der Hauptnenner, auf den die einzelnen Brüche zu erweitern sind.

$\frac{6}{45} + \frac{7}{24} + \frac{11}{18}$

Nenner zerlegen in Primfaktoren:
$45 = 3 \cdot 3 \cdot 5 = \mathbf{3^2 \cdot 5}$
$24 = 2 \cdot 2 \cdot 2 \cdot 3 = \mathbf{2^3} \cdot 3$
$18 = 2 \cdot 3 \cdot 3 = 2 \cdot 3^2$
Hauptnenner:
$\mathbf{2^3 \cdot 3^2 \cdot 5} = 360$

$\frac{6 \cdot 8}{45 \cdot 8} + \frac{7 \cdot 15}{24 \cdot 15}$
$+ \frac{11 \cdot 20}{18 \cdot 20}$
$= \frac{48 + 105 + 220}{360}$
$= \frac{373}{360}$

2.7 Wichtige Rechenregeln

Vorrangregeln

1. Was in der Klammer steht, ist zuerst auszurechnen.
   Bei mehreren Klammern werden diese in der Reihenfolge von ***innen nach außen*** berechnet.

   $3 - (2 + 7) = 3 - 9 = -6$

   $3 - (6 - (5 - 1))$
   $= 3 - (6 - 4) = 3 - 2 = 1$

2. Potenzen werden vor Punktrechnungen berechnet.

   $3 \cdot 5^2 = 3 \cdot 25 = 75$

	BEISPIELE
3. Punktrechnung ***(Multiplikation, Division)*** geht vor Strichrechnung ***(Addition, Subtraktion).***	$3 \cdot 4 + 3 \cdot 5 - 7$ $= 12 + 15 - 7 = 20$

Klammerregeln

1. Klammern mit positiven ***Vorzeichen*** können wegfallen.	$+(2a - b) = 2a - b$
2. Klammern mit negativen ***Vorzeichen*** können wegfallen, dabei erhält jedes Glied in der Klammer das ***entgegengesetzte*** Vorzeichen.	$-(a + b - c) = -a - b + c$
3. Ein ***Faktor*** vor einer Klammer wird mit jedem Glied in der Klammer multipliziert.	$3\,(a + 2b - 3c)$ $= 3a + 6b - 9c$
4. ***Klammerausdrücke*** der Form $(a + b) \cdot (c + d)$ werden miteinander multipliziert, indem man ***jeden*** Summanden der einen Klammer mit ***jedem*** Summanden der anderen Klammer multipliziert.	$(a + 3) \cdot (b + 2)$ $= ab + 2a + 3b + 6$

2

Vorzeichenregeln bei Multiplikation und Division

1. Bei der ***Multiplikation*** von Faktoren mit gleichen ***Vorzeichen*** erhält man ein positives Produkt.

REGEL Kurz:	
„*Plus* mal *plus* ergibt *plus.*“	$(+5) \cdot (+5) = +25$
„*Minus* mal *minus* ergibt *plus.*“	$(-5) \cdot (-5) = +25$

BEISPIELE

2. Bei der ***Multiplikation*** von Faktoren mit unterschiedlichen ***Vorzeichen*** erhält man ein negatives Produkt.

REGEL Kurz:
„*Plus* mal *minus* ergibt *minus.*" $(+4) \cdot (-3) = -12$
„*Minus* mal *plus* ergibt *minus.*" $(-5) \cdot (+7) = -35$
Gleiches gilt, wenn man an Stelle von „mal" „geteilt" setzt.

Rechnen mit Potenzen

Gleiche Faktoren a der Anzahl n werden zu ***Potenzen*** a^n (sprich „a hoch n") zusammengefasst:

$a^n: = a \cdot a \cdot a \cdot \ldots \cdot a;\ a \neq 0,\ n \in \mathbb{N}$ $8^3 = 8 \cdot 8 \cdot 8 = 512$

a heißt ***Basis,*** n heißt ***Exponent.***

- Es gilt: $a^0 = 1;\ a^1 = a$ $4^0 = 1;\ 5^1 = 5$
- Potenzen mit negativen ganzen Exponenten werden wie folgt definiert: $a^{-n} = \left(\frac{1}{a}\right)^n = \frac{1}{a^n};\ a \neq 0.$ $2^{-4} = \left(\frac{1}{2}\right)^4 = \frac{1}{2^4} = \frac{1}{16}$
- Potenzen mit rationalem Exponenten und Basis $a > 0$ definiert man folgendermaßen: $a^{\frac{1}{n}} := \sqrt[n]{a}.$ $9^{\frac{1}{2}} = \sqrt[2]{9} = \sqrt{9} = +3$

Potenzgesetze:

1. ***Multiplikation*** bzw. ***Division*** bei gleicher Basis
   $a^m \cdot a^n = a^{m+n}$ $3^2 \cdot 3^3 = 3^{2+3} = 3^5$
   $a^m : a^n = \frac{a^m}{a^n} = a^{m-n}$ $2^5 : 2^3 = 2^{5-3} = 2^2$

BEISPIELE

2. ***Multiplikation*** bzw. ***Division*** bei gleichem Exponenten
   $a^n \cdot b^n = (a \cdot b)^n$ — $5^2 \cdot 4^2 = (5 \cdot 4)^2 = 20^2$
   $a^n : b^n = \frac{a^n}{b^n} = \left(\frac{a}{b}\right)^n$ — $6^2 : 3^2 = \left(\frac{6}{3}\right)^2 = 2^2$
3. ***Potenzieren*** von Potenzen
   $(a^m)^n = a^{m \cdot n}$ — $(3^2)^3 = 3^{2 \cdot 3} = 3^6$

Rechnen mit Wurzeln

Die *Wurzel* $\sqrt[n]{b}$ ist die ***erste Umkehrung der Potenz*** $a^n = b$.

$\sqrt[n]{b} = a$ ist gleichbedeutend mit $a^n = b$. — $2^3 = 8;\ \sqrt[3]{8} = 2$

- n heißt ***Wurzelexponent,***
- b heißt ***Radikand*** $(b > 0)$.

BEACHTE Die Wurzel lässt sich nur aus einer nichtnegativen reellen Zahl ziehen und ist selbst wieder eine nichtnegative reelle Zahl.

$\sqrt{-9}$ ist für reelle Zahlen nicht definiert.
$\sqrt{9} = +3$

SPEZIALFÄLLE

- $\sqrt[2]{b} = \sqrt{b}$ ***(Quadratwurzel),*** — $\sqrt[2]{16} = \sqrt{16}$
- $\sqrt[n]{b} = b^{\frac{1}{n}}$ (Jede Wurzel kann somit als Potenz geschrieben werden.) — $\sqrt[5]{4} = 4^{\frac{1}{5}}$

BEISPIELE

Wurzelgesetze:

1. ***Multiplikation*** bei gleichem Wurzelexponenten:
   $\sqrt[n]{a} \cdot \sqrt[n]{b} = \sqrt[n]{a \cdot b};\ n \in \mathbb{Z}$ — $\sqrt[3]{2} \cdot \sqrt[3]{4} = \sqrt[3]{2 \cdot 4} = \sqrt[3]{8} = 2$
2. ***Division*** bei gleichem Wurzelexponenten:
   $\sqrt[n]{a} : \sqrt[n]{b} = \sqrt[n]{a : b};\ n \in \mathbb{Z}$ — $\sqrt[2]{24} : \sqrt[2]{6} = \sqrt[2]{24 : 6} = \sqrt[2]{4} = 2$
3. ***Potenzieren*** von Wurzeln:
   $\left(\sqrt[n]{a}\right)^m = \sqrt[n]{a^m} = a^{\frac{m}{n}};\ n, m \in \mathbb{Z}$ — $\left(\sqrt[4]{3}\right)^3 = \sqrt[4]{3^3} = 3^{\frac{3}{4}}$
4. ***Radizieren (Wurzelziehen)*** von Wurzeln:
   $\sqrt[m]{\sqrt[n]{a}} = \sqrt[m \cdot n]{a};\ n, m \in \mathbb{Z}$ — $\sqrt[3]{\sqrt[2]{64}} = \sqrt[6]{64} = 2$

Rechnen mit Logarithmen

Der ***Logarithmus*** $\log_a b$ ist die ***zweite Umkehrung der Potenz*** $a^n = b$.

Zu „$\log_a b$“ sagt man: Logarithmus von *b* zur ***Basis a.*** — $2^3 = 8;\ \log_2 8 = 3$

SPEZIALFÄLLE

- Basis 10: „Zehnerlogarithmus“ $\log_{10} a$ oder kurz: lg ***a*** — $\lg 100 = 2$
- Basis e: ***„natürlicher Logarithmus“*** $\log_e a$ oder kurz: ln ***a***. (EULER'sche Zahl e ≈ 2,718) — $\ln e = 1$

Logarithmengesetze:
Es gelte $a > 0$, $b > 0$, $n > 1$. Für beliebige Basen gelten folgende Regeln:

		BEISPIELE
1. ***Multiplikation:***	$\log(a \cdot b)$ $= \log a + \log b$	$\log_2(8 \cdot 2)$ $= \log_2 8 + \log_2 2$ $= 3 + 1 = 4$
	dagegen ist:	$\log_2 8 \cdot \log_2 2 = 3 \cdot 1$ $\neq \log_2(8 \cdot 2)$
2. ***Division:***	$\log\left(\frac{a}{b}\right)$ $= \log a - \log b$	$\log_3\left(\frac{1}{9}\right) = \log_3 1 - \log_3 9$ $= 0 - 2 = -2$
3. ***Potenzieren:***	$\log(a^n)$ $= n \cdot \log a$	$\log_4(4^2) = 2 \cdot \log_4 4$ $= 2 \cdot 1 = 2$
4. ***Wurzelziehen:***	$\log(\sqrt[n]{a})$ $= \frac{1}{n} \cdot \log a$	$\log_5 \sqrt[2]{125} = \frac{1}{2} \log_5 125$ $= \frac{1}{2} \cdot 3 = \frac{3}{2}$

2

BEACHTE Wichtig zum Rechnen mit dem Taschenrechner: ***Transformation von Logarithmen*** mit beliebiger ***Basis*** *a* in ***Zehnerlogarithmen*** oder ***natürliche Logarithmen:***

$$\log_a b = \frac{\lg b}{\lg a} = \frac{\ln b}{\ln a} \qquad \log_3 5 = \frac{\lg 5}{\lg 3} = \frac{\ln 5}{\ln 3} \approx 1{,}465$$

Binomische Formeln

1. $(a + b)^2 = (a + b)(a + b) = a^2 + 2ab + b^2$ — $(2x + 1)^2 = 4x^2 + 4x + 1$
2. $(a - b)^2 = (a - b) \cdot (a - b) = a^2 - 2ab + b^2$ — $(y - 3)^2 = y^2 - 6y + 9$
3. $(a + b)(a - b) = a^2 - b^2$ — $(4 + z)(4 - z) = 16 - z^2$

Teste dein Wissen!

Kapitel „Arithmetik“	O. K. ✓	Das muss ich noch mal lesen
Ich kann die Zahlenmengen $\mathbb{N}$, $\mathbb{Z}$, $\mathbb{Q}$, $\mathbb{R}$ erläutern.		S. 20, 21
Ich kann die Begriffe *Summe, Differenz, Produkt* und *Quotient* erklären.		S. 21
Ich kann *Kommutativ-, Assoziativ-* und *Distributivgesetz* erklären.		S. 21, 22
Ich kann erklären, was eine Primzahl ist.		S. 23
Ich kann ggT und kgV mehrerer Zahlen durch Primfaktorzerlegung bestimmen.		S. 25, 26, 30
Ich kann Teilbarkeitsregeln angeben.		S. 27, 28
Ich kann eine Bruchzahl erweitern und kürzen und begründen, wieso beides den Wert der Bruchzahl nicht verändert.		S. 28
Ich kann von Bruchzahlen den Hauptnenner ermitteln und sie addieren, subtrahieren, multiplizieren und dividieren.		S. 29, 30
Ich kann Vorrang-, Klammer- und Vorzeichenregeln erläutern.		S. 30–32
Ich kann mit Potenzen, Wurzeln und Logarithmen rechnen.		S. 32–35
Ich kann die drei binomischen Formeln angeben und sie anwenden.		S. 35

Algebra und Sachrechnen

3.1 Gleichungen und Ungleichungen 1. Grades mit einer Unbekannten

Lineare Gleichung

Definitionsmenge D $= \mathbb{R}$; *L Lösungsmenge*

Normalform: $0 = ax + b$; $a, b \in \mathbb{R}$

$$ax = -b$$

(↗ Lineare Funktionen, S. 64 ff.)

Lösungsarten

Es gibt drei Fälle bei der Lösung für x:

1. Fall: $a \neq 0$; es existiert eine eindeutige Lösung für x:

$x = -\frac{b}{a}$

$L = \left\{-\frac{b}{a}\right\}$

BEISPIELE

$$\begin{aligned} 0 &= -5x + 10 \\ 5x &= 10 \\ x &= 2 \qquad L = \{2\} \end{aligned}$$

2. Fall: $a = 0 \wedge b \neq 0$; es existiert keine Lösung für x:

$L = \{\ \}$

$$\begin{aligned} 2(x+1) &= 2x + 3 \\ 2x + 2 &= 2x + 3 \\ 2 &= 3 \qquad L = \{\ \} \end{aligned}$$

3. Fall: $a = 0 \wedge b = 0$; es existieren unendlich viele Lösungen für x:

$L = D$

$$\begin{aligned} 2(x+1) &= 2x + 2 \\ 2x + 2 &= 2x + 2 \\ 2 &= 2 \qquad L = D \end{aligned}$$

(Allgemein gültige Gleichung)

Vereinfachen von Gleichungen

Durch ***Äquivalenzumformungen*** (Umformung, die eine Gleichung in eine äquivalente überführt) vereinfachen wir, bis wir die ***Lösungsmenge*** angeben können. *Äquivalent* bedeutet *gleichwertig.*

Schema zur ***Lösung von Gleichungen*** mit einer Unbekannten:

1. Klammern auflösen.
2. Bei ***Bruchgleichungen:*** Brüche entfernen durch Multiplikation mit dem Hauptnenner.
3. Bei ***Wurzelgleichungen:*** Wurzeln entfernen durch Potenzieren.
4. Gleichungen ordnen.
5. Glieder mit x und ohne x zusammenfassen.
6. Division mit dem Faktor vor x.
7. Probe.

BEISPIELE

a) $2 = 4x + 1 \quad | -1$ ***Lineare Gleichung***

$1 = 4x \quad | :4$

$x = \frac{1}{4}$

Probe: $2 = 4 \cdot \frac{1}{4} + 1$

$2 = 1 + 1 = 2$

$L = \left\{\frac{1}{4}\right\}$

b) $(2 - x)(x + 5) = 11 - (x + 4)^2 \quad |$ Klammern auflösen

$2x - x^2 + 10 - 5x = 11 - x^2 - 8x - 16 \quad |$ Gleichung ordnen

$2x - 5x + 8x = x^2 - x^2 - 10 + 11 - 16 \quad |$ zusammenfassen

$5x = -15 \quad | :5$

$x = -3$

Probe: $(2 - (-3))(-3 + 5) = 11 - (-3 + 4)^2$

$5 \cdot 2 = 11 - 1^2$

$10 = 10$

$L = \{-3\}$

c) $\frac{x}{2x-2} + \frac{3}{3x-3} = 1$ *Bruchgleichung*

$\frac{x}{2(x-1)} + \frac{3}{3(x-1)} = 1$ | Gleichung vereinfachen

$\frac{x}{2(x-1)} + \frac{1}{x-1} = 1$ | Hauptnenner ist $2(x-1)$

$\frac{x}{2(x-1)} + \frac{2}{2(x-1)} = \frac{2(x-1)}{2(x-1)}$ | $\cdot\, 2(x-1)$

$$x + 2 = 2(x-1)$$
$$x + 2 = 2x - 2$$
$$-x = -4$$
$$x = 4$$

Probe: $\frac{4}{2\cdot 4-2} + \frac{3}{3\cdot 4-3} = 1$

$$\frac{4}{6} + \frac{3}{9} = \frac{2}{3} + \frac{1}{3} = 1$$

$L = \{4\}$

d) $\sqrt{x-2} + 3 = 0$ | ***Wurzelgleichung;*** Wurzel auf einer Seite isolieren

$\sqrt{x-2} = -3$ | beide Seiten quadrieren; **Achtung:** Das ist keine Äquivalenzumformung!

$$x - 2 = 9$$
$$x = 11$$

Probe: $\sqrt{11-2} + 3 = \sqrt{9} + 3 = 3 + 3 = 6 \neq 0$

$L = \{\ \}$

FEHLERQUELLE Bei Wurzelgleichungen ist eine Probe in der Ausgangsgleichung unerlässlich; denn Quadrieren auf beiden Seiten der Gleichung ist keine Äquivalenzumformung!

Ungleichungen

Wird bei der Gleichung $0 = ax + b$ das Gleichheitszeichen durch eines der ***Relationszeichen*** $<$, $>$, $\leq$ oder $\geq$ ersetzt, so liegt eine ***Ungleichung*** vor. Die Lösung findet man durch ***Äquivalenzumformung*** wie bei Gleichungen.

3

BEACHTE ***Multiplikation*** und ***Division*** mit (– 1) bzw. mit einer negativen reellen Zahl auf beiden Seiten der Ungleichung führt zu einer Umkehrung des Relationszeichens!

BEISPIEL
$$-3x - 15 < 0 \qquad |:15$$
$$-3x < 15 \qquad |:(-3)$$
$$x > -5$$
$$L = \{x \in \mathbb{R} \mid x > -5\}$$

3.2 Gleichungssysteme 1. Grades mit 2 und mehreren Unbekannten

Rechnerische Bestimmung der Lösung

Ein System der Art
$$\begin{array}{l|l|} \text{I} & a_1x + b_1y = c_1 \\ \text{II} & a_2x + b_2y = c_2 \end{array}$$

heißt ***Gleichungssystem 1. Grades*** oder ***lineares Gleichungssystem*** mit 2 Gleichungen und 2 Unbekannten.
Dabei sind a_1, a_2, b_1, b_2, c_1, c_2 reelle Konstanten, x und y sind Unbekannte.
Um die Lösung des Systems zu ermitteln, bestimmt man die Zahlenpaare $(x; y)$, die – eingesetzt in das System – für ***alle*** Gleichungen eine ***wahre Aussage*** ergeben.

BEISPIEL
$$\begin{array}{l|l|} \text{I} & 3x + 2y = 6 \\ \text{II} & -x - 3y = 5 \end{array}$$

Das Zahlenpaar (4; – 3) ist Lösung des Systems, denn es erfüllt **beide** Gleichungen:

(I) $3 \cdot 4 + 2 \cdot (-3) = 6$
$12 - 6 = 6$
$6 = 6$

(II) $-4 - 3 \cdot (-3) = 5$
$-4 + 9 = 5$
$5 = 5$

Zur Bestimmung der Zahlenpaare benötigt man meist eines der folgenden Lösungsverfahren:

1. ***Einsetzungsverfahren***
2. ***Gleichsetzungsverfahren***
3. ***Additionsverfahren***

Allen Verfahren ist gemeinsam, dass im 1. Schritt eine der Variablen wegfällt und dadurch eine Gleichung mit nur einer Variablen entsteht, die du lösen kannst (↗ S. 38).

1. ***Einsetzungsverfahren:***
Löse eine Gleichung nach einer Unbekannten auf und setze den Term in die andere Gleichung ein. Der Wert der ermittelten Variablen wird in die erste Gleichung eingesetzt. Durch Auflösen erhältst du dann den Wert der zweiten ***Variablen.***

BEISPIEL

$$\begin{array}{r|l|} \text{I} & 7x + 5y = 41 \\ \text{II} & 5x - 2y = 7 \end{array}$$

(I) nach x auflösen: $x = \dfrac{41 - 5y}{7}$

x in (II) einsetzen: $5 \cdot \dfrac{41 - 5y}{7} - 2y = 7$

$$\begin{aligned} \frac{205 - 25y}{7} - 2y &= 7 && | \cdot 7 \\ 205 - 25y - 14y &= 49 \\ 205 - 39y &= 49 && | + 39y - 49 \\ 156 &= 39y && | : 39 \\ y &= 4 \end{aligned}$$

$y = 4$ in (I) einsetzen: $x = \dfrac{41 - 20}{7} = 3$

Probe: (3; 4) in Gleichungssystem einsetzen:
(I) $7 \cdot 3 + 5 \cdot 4 = 21 + 20 = 41$ ✓ (II) $5 \cdot 3 - 2 \cdot 4 = 15 - 8 = 7$ ✓
$L = \{(3; 4)\}$
Lösungsmenge des Systems ist das Zahlenpaar (3; 4).

> 2. ***Gleichsetzungsverfahren:***
> Löse beide Gleichungen nach derselben ***Variablen*** auf und setze die Terme gleich.

BEISPIEL

$$\begin{array}{l|l|} \text{I} & 7x + 5y = 41 \\ \text{II} & 5x - 2y = 7 \end{array}$$

(I) nach x auflösen: $x = \frac{41 - 5y}{7}$ (I)

(II) nach x auflösen: $x = \frac{7 + 2y}{5}$ (II)

(I) und (II) gleichsetzen:

$$\begin{aligned} \frac{41 - 5y}{7} &= \frac{7 + 2y}{5} && | \cdot 35 \\ 205 - 25y &= 49 + 14y && | + 25y - 49 \\ 156 &= 39y && | : 39 \\ y &= 4 \end{aligned}$$

y in (I) oder (II) einsetzen: $x = \frac{41 - 20}{7} = 3$

Probe wie bei Einsetzungsverfahren: (3; 4) in (I) und (II) einsetzen.

$L = \{(3; 4)\}$

Lösungsmenge des Systems ist das Zahlenpaar (3; 4).

> 3. ***Additionsverfahren:***
> Multipliziere jede Gleichung so, dass durch Addition von (I) und (II) eine ***Variable*** wegfällt.

BEISPIEL

$$\begin{array}{l|l|} \text{I} & 7x + 5y = 41 \\ \text{II} & 5x - 2y = 7 \end{array}$$

Multiplikation von (I) mit 2 — (I) $14x + 10y = 82$

Multiplikation von (II) mit 5 — (II) $25x - 10y = 35$

(I) + (II) führt zu:

$$\begin{aligned} 39x &= 117 && | : 39 \\ x &= 3 \end{aligned}$$

x in (I) oder in (II) einsetzen:

in (I) $7 \cdot 3 + 5y = 41$
$21 + 5y = 41 \quad | -21$
$5y = 20 \quad | :5$
$y = 4$

oder in (II) $5 \cdot 3 - 2y = 7$
$15 - 2y = 7 \quad | -15$
$-2y = -8 \quad | :(-2)$
$y = 4$

Probe durchführen ergibt:
$L = \{(3; 4)\}$
Lösungsmenge des Systems ist das Zahlenpaar (3; 4).

3

Zur Auswahl der Lösungsverfahren

Alle Lösungsverfahren führen zum Ziel, aber nicht immer ist jedes Verfahren sinnvoll. Betrachte das System und wähle das günstigste Verfahren aus!

TIPP Das *Einsetzungsverfahren* eignet sich besonders dann, wenn eine der Gleichungen schon nach einer Variablen aufgelöst ist oder sich leicht auflösen lässt.

BEISPIEL
$$\begin{array}{l|l|} \text{I} & 2x - 3y = -4 \\ \text{II} & y + 1 = 3x \end{array}$$

(II) nach y auflösen: $y = 3x - 1$ (II)
y in (I) einsetzen: $2x - 3\,(3x - 1) = -4$
$2x - 9x + 3 = -4 \quad | -3$
$-7x = -7 \quad | :(-7)$
$x = 1$

x in (II) einsetzen: $y = 3 \cdot 1 - 1 = 2$
Probe: (I) $2 \cdot 1 - 3 \cdot 2 = 2 - 6 = -4$ ✓
(II) $2 + 1 = 3 \cdot 1 = 3$ ✓
$L = \{(1; 2)\}$

TIPP Das ***Gleichsetzungsverfahren*** eignet sich besonders dann, wenn beide Gleichungen nach ein und derselben Variablen aufgelöst sind oder sich leicht auflösen lassen.

BEISPIEL

$$\begin{array}{l|l|} \text{I} & x + 4y = -3 \\ \text{II} & x = 4 + 3y \end{array}$$

$$\begin{array}{lrl} \text{(I) nach } x \text{ auflösen:} & x = -3 - 4y & \\ \text{(I) und (II) gleichsetzen:} & 4 + 3y = -3 - 4y & \mid -3y + 3 \\ & 7 = -7y & \mid :(-7) \\ & y = -1 & \end{array}$$

y in (II) einsetzen: $x = 4 + 3 \cdot (-1) = 1$

Probe durchführen ergibt:

$L = \{(-1; 1)\}$.

TIPP Sind die angeführten Bedingungen nicht gegeben, wird man meistens das ***Additionsverfahren*** anwenden.

Lösungsarten

Es können drei Arten von Lösungen bei ***linearen Gleichungssystemen*** auftreten (↗ S. 40 ff. und S. 65 ff.):

1. Das System hat eine eindeutig bestimmte Lösung.
2. Das System hat keine Lösung.
3. Das System hat unendlich viele Lösungen.

BEISPIEL zu 1:

$$\begin{array}{r|r|} \text{I} & 2x - 3y = 4 \\ \text{II} & x + 3y = 2 \end{array}$$

$$\begin{array}{rrl} \text{(I) + (II)} & 3x \quad = 6 & \mid :3 \\ & x = 2 & \\ \text{in (II)} & 2 + 3y = 2 & \\ & 3y = 0 & \\ & y = 0 & \end{array}$$

Die eindeutig bestimmte Lösungsmenge lautet:

$L = \{(2; 0)\}$.

BEISPIEL zu 2:

$$\begin{array}{l|rcl|} \text{I} & 2x - 3y &=& 4 \\ \text{II} & -4x + 6y &=& 8 \end{array}$$

$$\begin{array}{rrcl} (\text{I}) \cdot 2 & 4x - 6y &=& 8 \\ (\text{II}) & -4x + 6y &=& 8 \\ \hline (\text{I}) + (\text{II}) & 0 &=& 16 \end{array}$$

Dies ist eine falsche Aussage. Die Lösungsmenge ist leer: $L = \{\,\}$.

BEISPIEL zu 3:

$$\begin{array}{l|rcl|} \text{I} & 2x - 3y &=& 4 \\ \text{II} & 4x - 6y &=& 8 \end{array}$$

$$\begin{array}{rrcl} (\text{I}) \cdot (-2) & -4x + 6y &=& -8 \\ (\text{II}) & 4x - 6y &=& 8 \\ \hline (\text{I}) + (\text{II}) & 0 &=& 0 \end{array}$$

Dies ist eine von x und y unabhängige wahre Aussage (eine allgemeingültige Aussage).
Das System hat unendlich viele Lösungen:
$L = \{(x; y)\} \mid x, y \in \mathbb{R} \wedge 2x - 3y = 4\}$.

▶ **HINWEIS** Zur geometrischen Bedeutung der verschiedenen Lösungsarten: ↗ Lineare Funktionen, S. 65 ff.

Lösen von 3 Gleichungen mit 3 Unbekannten

Durch wiederholtes Anwenden der bisherigen Verfahren können auch höherwertige Gleichungssysteme gelöst werden.
Ein Verfahren, das sich hierbei in besonderer Weise eignet, ist der sogenannte ***Gauß-Algorithmus.*** Hierbei bringt man das lineare Gleichungssystem durch Äquivalenzumformung auf Stufenform und kann dann die Lösungsmenge sukzessive bestimmen.
Gezeigt werden soll es an einem Beispiel eines Gleichungssystems mit 3 Gleichungen und 3 Unbekannten, also einem System der folgenden Form:

$$\left| \begin{array}{l} a_1x + b_1y + c_1z = d_1 \\ a_2x + b_2y + c_2z = d_2 \\ a_3x + b_3y + c_3z = d_3 \end{array} \right|$$

BEISPIEL

$$\left| \begin{array}{rcl} x + y + 2z &=& 1 \\ x + 2y - z &=& -2 \\ 2x + 6y + 2z &=& 10 \end{array} \right|$$

Zur Vereinfachung notieren wir nur die Koeffizienten und die rechte Seite der Gleichung:

	x	y	z	
I	1	1	2	1
II	1	2	−1	−2
III	2	6	2	10
I	1	1	2	1
I-II (A)	0	−1	3	3
2·I-III (B)	0	−2	1	−4
I	1	1	2	1
A	0	−1	3	3
A-B	0	0	5	10

Nun berechnen wir: $5z = 10.$
Damit folgt: $z = 2.$
$z = 2$ in A ergibt: $-y + 3 \cdot 2 = 3.$
Also: $y = 3.$
z und y in (I): $x + 3 + 4 = 1.$
Das ergibt: $x = -6.$
Die Lösungsmenge lautet: $L = \{(-6; 3; 2)\}$

Gleichungen der Form $a_n x^n + a_{n-1} x^{n-1} + a_{n-2} x^{n-2} + \ldots + a_1 x^1 + a_0 = 0$ $(a_0, a_1, a_2, \ldots, a_n \in \mathbb{R})$

BEISPIEL $2x^3 - 12x^2 + 6x + 20 = 0$

Den linken Ausdruck der Gleichung nennt man ***Polynom.***

Die Lösung einer solchen Gleichung ist in den meisten Fällen ein schwieriges mathematisches Problem, manchmal führt Ausklammern zum Ziel (↗ S. 52), in einigen Fällen lässt sich die sogenannte ***Polynomdivision*** anwenden, oft jedoch ist eine solche Gleichung nicht mit den in der Mittelstufe zur Verfügung stehenden Mitteln zu lösen.

Lösen von $2x^3 - 12x^2 + 6x + 20 = 0 \quad | : 2$

- Normieren: $x^3 - 6x^2 + 3x + 10 = 0$
- Raten einer Lösung: $x_1 = +2$, denn $2^3 - 6 \cdot 2^2 + 3 \cdot 2 + 10 = 0$
- Division mit dem Linearfaktor $(x - 2)$ durchführen:

$$
\begin{array}{l}
(x^3 - 6x^2 + 3x + 10) : (x - 2) = x^2 - 4x - 5 \\
\underline{-(x^3 - 2x^2)} \\
\quad -4x^2 + 3x \\
\quad \underline{-(-4x^2 + 8x)} \\
\qquad -5x + 10 \\
\qquad \underline{-(-5x + 10)} \\
\qquad\qquad 0
\end{array}
$$

- Lösen der Gleichung $x^2 - 4x - 5 = 0$ mit p-q-Formel (↗ S. 49 ff.) oder Satz von VIETA führt auf die weiteren Lösungen $x_2 = -1$ und $x_3 = 5$.

Die Lösungsmenge lautet $L = \{-1; 2; 5\}$.

Die Summe $x^3 - 6x^2 + 3x + 10$ lässt sich somit auch darstellen als Produkt der Linearfaktoren $(x - 2)$, $(x + 1)$ und $(x - 5)$.

Also:

$x^3 - 6x^2 + 3x + 10 = (x - 2)(x^2 - 4x - 5) = (x - 2)(x + 1)(x - 5)$

oder

$2(x^3 - 6x^2 + 3^x + 10) = 2(x - 2)(x^2 - 4x - 5) = 2(x - 2)(x + 1)(x - 5)$

An der Darstellung des Ausdrucks in Linearfaktoren kann man die Lösungen der obigen Gleichung (Nullstellen) auch dirckt ablesen.

Es ist oft sinnvoll, einen Ausdrucks in ein Produkt zu zerlegen (↗ Primfaktorzerlegung, S. 25 oder ↗ Lösen einer Gleichung in Produktform, S. 52).

BEISPIEL

Lösen von $\quad x^5 - 2x^3 + x = 0$

- Ausklammern von x ergibt zunächst $\quad x(x^4 - 2x^2 + 1) = 0$

  $x_1 = 0$ oder $x^4 - 2x^2 + 1 = 0$

- Lösen der biquadratischen Gleichung durch Substitution (↗ S. 53 f.) oder Umformen in — $x^4 - 2x^2 + 1 = 0$; $(x^2 - 1) \cdot (x^2 - 1) = 0$ (2. bin. Formel)

  führt auf zwei weitere Lösungen: $x_2 = +1$ und $x_3 = -1$

Die Lösungsmenge lautet $L = \{-1; 0; +1\}$.

3.3 Quadratische Gleichungen

Die ***allgemeine quadratische Gleichung*** lautet:
$\boldsymbol{ax^2 + bx + c = 0;\ a \neq 0}$.
Division durch a führt auf die sogenannte **Normalform:**
$\boldsymbol{x^2 + px + q = 0}$.

BEISPIEL $2x^2 + 6x - 4 = 0 \quad | : 2$
Normalform: $x^2 + 3x - 2 = 0$

Lösung durch quadratische Ergänzung bzw. *p*-*q*-Formel

$$x^2 + px + q = 0$$ „$\left(\frac{p}{2}\right)^2 - \left(\frac{p}{2}\right)^2 = 0$“ addieren

$$x^2 + px + \left(\frac{p}{2}\right)^2 - \left(\frac{p}{2}\right)^2 + q = 0$$ ***Quadratische Ergänzung***

$$\left(x + \frac{p}{2}\right)^2 - \left(\frac{p}{2}\right)^2 + q = 0$$ Binomische Formel gefunden

$$\left(x + \frac{p}{2}\right)^2 = \left(\frac{p}{2}\right)^2 - q$$ Diesen Term nennt man ***Diskriminante D.***

Fallunterscheidung:

1. Fall: $x + \frac{p}{2} = +\sqrt{D}$

$$x_1 = -\frac{p}{2} + \sqrt{D}$$

2. Fall: $x + \frac{p}{2} = -\sqrt{D}$

$$x_2 = -\frac{p}{2} - \sqrt{D}$$

Die Lösungsformel, die sogenannte ***p-q-Formel,*** lautet:

$x_1 = -\frac{p}{2} + \sqrt{\left(\frac{p}{2}\right)^2 - q}$ $\quad$ $x_2 = -\frac{p}{2} - \sqrt{\left(\frac{p}{2}\right)^2 - q}$

BEISPIEL Lösen mithilfe der quadratischen Ergänzung

$3x^2 - 3x = 6 \quad |-6$ auf Normalform bringen

$3x^2 - 3x - 6 = 0 \quad |:3$

$x^2 - x - 2 = 0$

$x^2 - x + \left(\frac{1}{2}\right)^2 - \left(\frac{1}{2}\right)^2 - 2 = 0$ quadratisch ergänzen

$\left(x - \frac{1}{2}\right)^2 - \frac{1}{4} - \frac{8}{4} = 0$ binomische Formel

$\left(x - \frac{1}{2}\right)^2 - \frac{9}{4} = 0 \quad |+\frac{9}{4}$

$\left(x - \frac{1}{2}\right)^2 = \frac{9}{4} \quad |\sqrt{\ }$

1. Fall: $x - \frac{1}{2} = +\frac{3}{2} \quad |+\frac{1}{2}$ $\quad$ 2. Fall: $x - \frac{1}{2} = -\frac{3}{2} \quad |+\frac{1}{2}$

$x_1 = 2$ $\quad$ $x_2 = -1$

Probe durchführen!

$L = \{-1; 2\}$

3

Bei der Lösung der ***quadratischen Gleichung*** lassen sich 3 Fälle unterscheiden:

1. $D = \left(\frac{p}{2}\right)^2 - q > 0$ Die Gleichung hat *zwei verschiedene* Lösungen.
2. $D = \left(\frac{p}{2}\right)^2 - q = 0$ Die Gleichung hat *genau eine* Lösung.
3. $D = \left(\frac{p}{2}\right)^2 - q < 0$ Die Gleichung hat *keine* reelle Lösung.

BEISPIELE (Wir lösen mithilfe der p-q-Formel.)

- $2x^2 - 3x - 2 = 0 \qquad | : 2$

  Normalform:

  $x^2 - 1{,}5x - 1 = 0 \qquad p = -1{,}5;\ q = -1$

  $D = \left(\frac{-1{,}5}{2}\right)^2 - (-1) > 0 \Rightarrow$ Es existieren genau 2 Lösungen:

  $x_1 = \frac{1{,}5}{2} + \sqrt{\left(\frac{-1{,}5}{2}\right)^2 - (-1)} \qquad x_2 = \frac{1{,}5}{2} - \sqrt{\left(\frac{-1{,}5}{2}\right)^2 - (-1)}$

  $= \frac{3}{4} + \sqrt{\left(\frac{-3}{4}\right)^2 + 1} \qquad = \frac{3}{4} - \sqrt{\left(\frac{-3}{4}\right)^2 + 1}$

  $= \frac{3}{4} + \sqrt{\frac{9}{16} + \frac{16}{16}} \qquad = \frac{3}{4} - \sqrt{\frac{9}{16} + \frac{16}{16}}$

  $= \frac{3}{4} + \sqrt{\frac{25}{16}} \qquad = \frac{3}{4} - \sqrt{\frac{25}{16}}$

  $= \frac{3}{4} + \frac{5}{4} \qquad = \frac{3}{4} - \frac{5}{4}$

  $x_1 = 2 \qquad x_2 = -\frac{1}{2}$

  Probe: x_1, x_2 in Ausgangsgleichung einsetzen.

  $L = \left\{-\frac{1}{2}; 2\right\}$

- $x^2 - x + 0{,}25 = 0 \qquad p = -1;\ q = 0{,}25$

  $D = \left(\frac{-1}{2}\right)^2 - 0{,}25 = 0 \Rightarrow$ Es existiert genau eine Lösung:

  $x_1 = \frac{1}{2} + \sqrt{\left(\frac{1}{2}\right)^2 - 0{,}25} \qquad x_2 = \frac{1}{2} - \sqrt{\left(\frac{1}{2}\right)^2 - 0{,}25}$

  $= \frac{1}{2} + \sqrt{\frac{1}{4} - \frac{1}{4}} \qquad = \frac{1}{2} - \sqrt{\frac{1}{4} - \frac{1}{4}}$

  $= \frac{1}{2} \qquad = \frac{1}{2}$

  $L = \left\{\frac{1}{2}\right\}$

- $x^2 + x + 2 = 0 \qquad p = 1; q = 2$

  $D = \left(\frac{1}{2}\right)^2 - 2 < 0 \quad \Rightarrow \quad$ Es existiert keine Lösung:

  $x_1 = -\frac{1}{2} + \sqrt{\left(\frac{1}{2}\right)^2 - 2} \qquad x_2 = -\frac{1}{2} - \sqrt{\left(\frac{1}{2}\right)^2 - 2}$

  $\quad = -\frac{1}{2} + \sqrt{-1{,}75} \qquad\qquad = -\frac{1}{2} - \sqrt{-1{,}75}$

  Die Wurzel aus einer negativen Zahl existiert nicht in $\mathbb{R}$. Die Gleichung hat keine reelle Lösung.
  $L = \{\ \}$.

▶ **HINWEIS** Zur geometrischen Bedeutung der verschiedenen Lösungsarten: ↗ Quadratische Funktionen, S. 67 ff.

Lösung mit dem Satz von Vieta

> Sind x_1 und x_2 Lösungen der quadratischen Gleichung
> $x^2 + px + q = 0$, dann gilt:
> $x_1 + x_2 = -p$ und $x_1 \cdot x_2 = q$.

BEISPIEL

$x^2 - 8x + 15 = 0 \qquad p = -8; q = 15$

$x_1 = 5$ sowie $x_2 = 3$ sind Lösungen der quadratischen Gleichung, denn:

$x_1 + x_2 = 5 + 3 = 8 = -(-8) = -p$ und

$x_1 \cdot x_2 = 5 \cdot 3 = 15 = q$

Spezialfälle der quadratischen Gleichung

1. Ist eine *quadratische Gleichung* in *Produktform* gegeben, z. B. $(x + 2)(7 - x) = 0$, so benutzt man folgende Regel:

> Ein ***Produkt*** kann nur null ergeben, wenn mindestens einer der Faktoren gleich null ist.

BEISPIELE

- $(x + 2)(7 - x) = 0$
  Somit muss gelten $x + 2 = 0$; $x_1 = -2$ oder $7 - x = 0$; $x_2 = 7$.
  $L = \{-2; 7\}$
- Dieses Verfahren ist besonders wichtig bei Gleichungen höheren Grades.
  $(x - 1)(x + 2)(x - 3) = 0$
  Die Lösungen lauten dann: $x_1 = 1$, $x_2 = -2$, $x_3 = 3$

2. Ist in der allgemeinen *quadratischen Gleichung* das ***absolute Glied c* = 0,** so lässt sich *x* ***ausklammern.***

> Klammere – immer dann, wenn möglich – die Variable *x* aus.

$ax^2 + bx = 0$
$x(ax + b) = 0$
Nach der Regel in 1.) gilt dann:
$x = 0$; d. h.: $x_1 = 0$ oder
$ax + b = 0 \Leftrightarrow ax = -b \Leftrightarrow x_2 = -\frac{b}{a}$

BEISPIEL

$2x^2 + x = 0$
$x(2x + 1) = 0$
$x_1 = 0$; $x_2 = -\frac{1}{2}$

3. Ist in der allgemeinen quadratischen Gleichung $b = 0$, so handelt es sich um eine ***reinquadratische Gleichung.***

Ist $b = 0$, isoliert man x^2 und zieht die Wurzel.

$$ax^2 + c = 0 \Leftrightarrow x^2 = \frac{-c}{a};\ x_{1/2} = \pm\sqrt{\frac{-c}{a}}$$

BEISPIEL

$$\begin{aligned} 2x^2 - 18 &= 0 && \mid +18 \\ 2x^2 &= 18 && \mid :2 \\ x^2 &= 9 && \mid \sqrt{\ } \end{aligned}$$

$x_1 = +3;\ x_2 = -3$

4. Eine ***biquadratische Gleichung*** $ax^4 + bx^2 + c = 0$ lässt sich durch ***Substitution*** (Ersetzung) von $x^2 = z$ auf eine quadratische Gleichung $az^2 + bz + c = 0$ zurückführen und mit deren Lösungsmethoden für z lösen. Durch Resubstitution (Ersetzung rückgängig machen) erhält man die Lösungen für x.

Bei einer biquadratischen Gleichung ersetze x^2 durch z.

BEISPIEL

$x^4 - \frac{5}{4}x^2 + \frac{1}{4} = 0$ Substitution: $x^2 = z$

$$z^2 - \frac{5}{4}z + \frac{1}{4} = 0$$

$$z_{1/2} = \frac{5}{8} \pm \sqrt{\frac{25}{64} - \frac{1}{4}} = \frac{5}{8} \pm \sqrt{\frac{25}{64} - \frac{16}{64}} = \frac{5}{8} \pm \sqrt{\frac{9}{64}}$$

$$= \frac{5}{8} \pm \frac{3}{8}$$

$z_1 = 1$ und $z_2 = \frac{1}{4}$

Resubstitution:

1.) $x^2 = 1$ $\quad x_1 = +1;\quad x_2 = -1$

2.) $x^2 = \frac{1}{4}$ $\quad x_3 = +\frac{1}{2};\quad x_4 = -\frac{1}{2}$

Probe durchführen ergibt:

Lösungsmenge $L = \left\{-1; 1; +\frac{1}{2}; -\frac{1}{2}\right\}$

Weitere Anwendungen der Polynomdivision

Eine weitere Anwendung der Polynomdivision besteht z. B. in der Umformung von Bruchtermen.

BEISPIELE

- $\frac{x^2 - 2x - 15}{x - 5};\ x \neq 5$

  Lösen mit Polynomdivision:

$$\frac{x^2 - 2x - 15}{x - 5} = \begin{array}{l} (x^2 - 2x - 15) : (x - 5) = x + 3 \\ \underline{-(x^2 - 5x)} \\ \quad\quad 3x - 15 \\ \quad\quad \underline{-(3x - 15)} \\ \quad\quad\quad\quad 0 \end{array}$$

  Hierbei findet man das Ergebnis auch mit Satz von VIETA:

$$\frac{x^2 - 2x - 15}{x - 5} = \frac{(x + 3) \cdot (x - 5)}{x - 5} = x + 3;\ x \neq 5$$

- $\frac{x^5 - 1}{x - 1}$

  Lösen mit Polynomdivision:

$$\frac{x^5 - 1}{x - 1} = (x^5 - 1) : (x - 1)$$

Wir schreiben $x^5 - 1$ ausführlich und erhalten:

$$
\begin{array}{l}
(x^5 + 0x^4 + 0x^3 + 0x^2 + 0x - 1) : (x - 1) = x^4 + x^3 + x^2 + x + 1 \\
\underline{-(x^5 - x^4)} \\
\quad x^4 \\
\quad \underline{-(x^4 - x^3)} \\
\qquad x^3 \\
\qquad \underline{-(x^3 - x^2)} \\
\qquad\quad x^2 \\
\qquad\quad \underline{-(x^2 - x)} \\
\qquad\qquad x - 1 \\
\qquad\qquad \underline{-(x - 1)} \\
\qquad\qquad\quad 0
\end{array}
$$

Ergebnis: $\frac{x^5 - 1}{x - 1} = x^4 + x^3 + x^2 + x + 1$

oder $x^5 - 1 = (x^4 + x^3 + x^2 + x + 1)(x - 1)$

Auch bei der Polynomdivision kann ein Rest bleiben, wenn die Division nicht aufgeht. Dies wird hier jedoch nicht behandelt.

3

3.4 Sachrechnen

Prozent- und Zinsrechnung

Prozentrechnung

Grundwert G, Prozentwert W, Prozentsatz p

Grundformel: $\frac{W}{G} = \frac{p}{100}$

BEISPIEL 15 % (p %) von 600 € (G) sind 90 € (W).

$$\frac{90\,€}{600\,€} = \frac{15}{100}$$

Daraus ergeben sich:

$$W = \frac{p}{100} \cdot G \qquad 90\,€ = \frac{15}{100} \cdot 600\,€$$

$$G = \frac{W \cdot 100}{p} \qquad 600\,€ = \frac{90\,€ \cdot 100}{15}$$

$$p\,\% = \frac{W}{G} \cdot 100\,\% \qquad 15\,\% = \frac{90\,€}{600\,€} \cdot 100\,\%$$

Zinsrechnung

(Anwendung der Prozentrechnung mit anderen Bezeichnungen) Kapital K, Zinsen Z, Zinssatz p, Laufzeit t

Grundformel ***(Jahreszinsen):*** $\frac{Z}{K} = \frac{p}{100}$

BEISPIEL 6 % (p %) von 800 € (K) sind 48 € (Z).
Daraus ergibt sich:

$$Z = K \cdot \frac{p}{100} \qquad 48\,€ = 800\,€ \cdot \frac{6}{100} = 6\,\%$$

Allgemeine Zinsformeln:

BEISPIEL Ein Kapital von 4 500 € wird für 5 Monate (5 · 30 Tage) zu 4 % verzinst. Wie hoch sind die Zinsen?

Zinsen für t Tage:

$$Z = \frac{K \cdot p \cdot t}{100 \cdot 360} \qquad Z = \frac{4\,500\,€ \cdot 4 \cdot 150}{100 \cdot 360} = 75\,€$$

Kapital:

$$K = \frac{Z \cdot 100 \cdot 360}{p \cdot t} \qquad K = \frac{75\,€ \cdot 100 \cdot 360}{4 \cdot 150} = 4\,500\,€$$

Zinssatz:

$$p = \frac{Z \cdot 100 \cdot 360}{K \cdot t} \qquad p = \frac{75\,€ \cdot 100\,\% \cdot 360}{4\,500\,€ \cdot 150} = 4\,\%$$

Laufzeit:

$$t = \frac{Z \cdot 100 \cdot 360}{K \cdot p} \qquad t = \frac{75\,€ \cdot 100 \cdot 360}{4\,500\,€ \cdot 4} = 150 \text{ Tage}$$

Schlussrechnung – Dreisatzrechnung

Anwendungsaufgaben, bei denen die gegebenen Größen zueinander direkt oder indirekt proportional sind (↗ Proportionalität, S. 61 f.), können häufig in 3 Sätzen *(Dreisatz)* notiert und gelöst werden.

> Der 1. Satz formuliert die Bedingung.
> Der 2. Satz formuliert den Schluss von der Vielheit auf die Einheit.
> Der 3. Satz formuliert den Schluss von der Einheit auf die Vielheit.

BEISPIEL Es liegt eine ***direkte Proportionalität*** vor. 3 kg Äpfel kosten 4,95 €. Wie viel kosten 5 kg Äpfel dieser Sorte?

1. Satz (Bedingung): $3\,\text{kg} \rightarrow 4{,}95\,€$

$:3$ (beide Seiten)

2. Satz (von der Vielheit auf die Einheit): $1\,\text{kg} \rightarrow \frac{4{,}95}{3}\,€$

$\cdot 5$ (beide Seiten)

3. Satz (von der Einheit auf die Vielheit): $5\,\text{kg} \rightarrow \frac{4{,}95}{3}\,€ \cdot 5$

$= 8{,}25\,€$

Antwort: 5 kg Äpfel kosten 8,25 €.

Teste dein Wissen!

Kapitel „Algebra und Sachrechnen“	O.K. ✓	Das muss ich noch mal lesen
Ich kann die Lösung linearer Gleichungen mit einer Unbekannten bestimmen.		S. 37, 38
Ich kann Bruch- und Wurzelgleichungen lösen.		S. 39
Ich kann erklären, bei welchen Umformungen einer Ungleichung das Relationszeichen umgedreht werden muss.		S. 40
Ich kann die Lösungsmengen linearer Gleichungssysteme bestimmen und deren Art geometrisch interpretieren.		S. 40–45 S. 63–66
Ich kann die Lösungsmengen quadratischer Gleichungen z. B. mithilfe der *p-q-Formel* bestimmen und interpretieren.		S. 48–51
Ich kann bei Gleichungen höheren Grades eine Polynomdivision durchführen.		S. 47, 54, 55
Ich kann mit Grundformeln der Prozentrechnung gesuchte Größen berechnen.		S. 55, 56
Ich kann Zinsen *für* t *Tage; Kapital; Zinssatz* und *Laufzeit* berechnen.		S. 56
Ich kann Sachaufgaben, bei denen es um Größen mit direkter Proportionalität geht, mit Dreisatz lösen.		S. 57

Funktionen

4.1 Definition und Darstellung im Koordinatensystem

Eine ***eindeutige Zuordnung,*** bei der jedem Element aus einem ***Definitionsbereich*** *D* genau ein Element aus einem ***Wertebereich*** *W* zugeordnet wird, heißt ***Funktion*** *f*.
Schreibweise: $f\colon x \rightarrow f(x),\ x \in D,\ f(x) \in W$
Funktionsgleichung: $y = f(x)$

BEISPIELE

- Jedem Kraftfahrzeug wird eindeutig ein amtliches Nummernschild zugeordnet.
- $f\colon x \rightarrow x^2$ oder $f(x) = x^2$ Jeder reellen Zahl wird eindeutig ihre Quadratzahl zugeordnet ($1 \rightarrow 1$; $2 \rightarrow 4$; $-2 \rightarrow 4, \ldots$)
- Gegenbeispiel: „Jeder Quadratzahl x^2 wird eine Zahl x zugeordnet.“ Diese Zuordnung ist ***nicht*** eindeutig, es handelt sich ***nicht*** um eine Funktion, denn z. B. können der Zahl 9 die Zahlen 3 ***und*** – 3 zugeordnet werden:
  $9 \rightarrow +3$ und $9 \rightarrow -3$, denn $(+3)\cdot(+3) = 9$ und $(-3)\cdot(-3) = 9$

Kartesisches Koordinatensystem: Ein System mit zwei senkrecht aufeinander stehenden Achsen nennt man kartesisches Koordinatensystem in der Ebene. Graphen von Zuordnungen, insbesondere Funktionsgraphen innerhalb der reellen Zahlenmenge lassen sich hiermit übersichtlich darstellen. Das ***Zahlenpaar*** $(x_1; y_1)$ gibt einen Punkt P mit den Koordinaten x_1 und y_1 an.

BEISPIELE

- $A(-1; 3)$; $B(1; -1)$; $C(0; 4)$

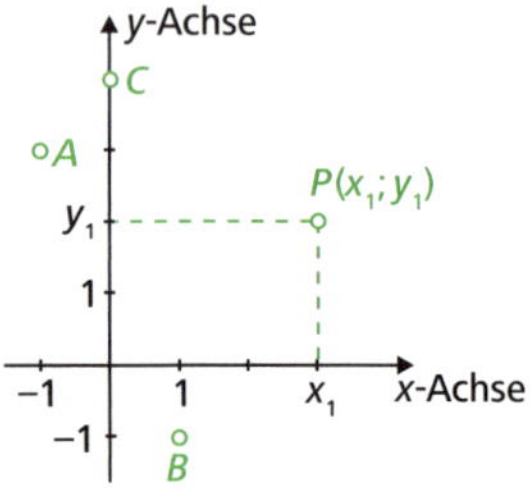

- Den ***Graphen*** der Funktion $f(x) = x^2$ erhält man durch Aufstellen einer Wertetabelle für x und y. Ausgewählte Zahlenpaare lassen den ungefähren Verlauf erkennen:

Wertetabelle:

x	−3	−2	−1	0	1	2	3
y	9	4	1	0	1	4	9

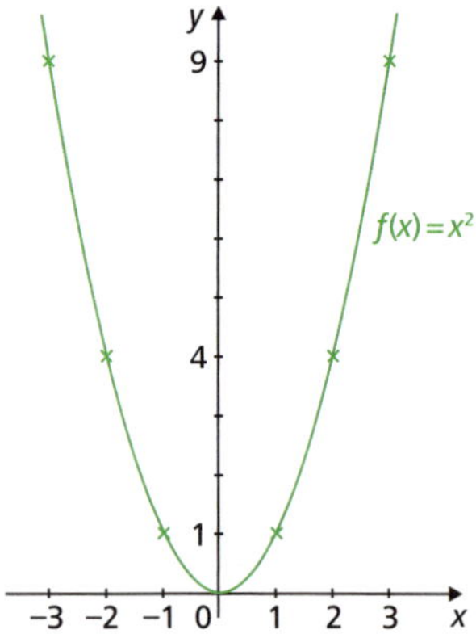

▶ **HINWEIS** Übrigens lassen sich mithilfe der Koordinaten der Zahlenpaare auch Rechnungen durchführen.

BEISPIEL

Bestimmen des ***Mittelpunkts einer Strecke*** (↗ S. 130).
Gegeben seien die Endpunkte $A\,(x_1; y_1)$ und $B\,(x_2; y_2)$. Die Koordinaten des Mittelpunktes lauten wie folgt:

$$M\left(\frac{x_1 + x_2}{2}; \frac{y_1 + y_2}{2}\right).$$

Für $A\,(1; 2)$ und $B\,(7; 4)$ heißt der Mittelpunkt von $\overline{AB}$:

$$M\left(\frac{1+7}{2}; \frac{2+4}{2}\right) = M\,(4; 3).$$

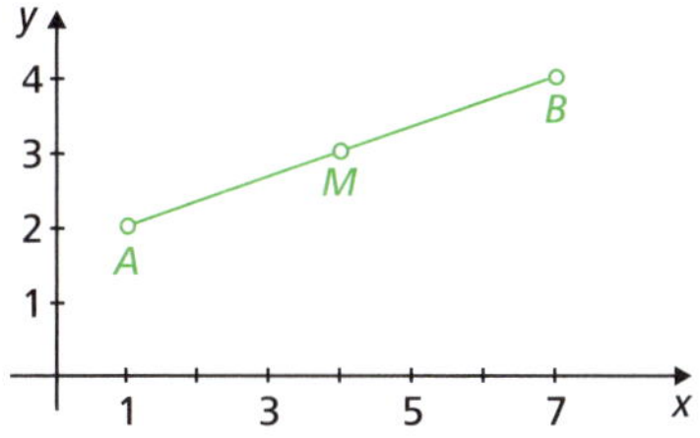

4.2 Proportionalität

Direkte Proportionalität

> *x* und *y* heißen zueinander proportional, wenn dem *n*-Fachen von *x* das *n*-Fache von *y* zugeordnet wird ($x \sim y$).

Die Wertepaare $(x; y)$ einer proportionalen Zuordnung sind ***quotientengleich***, d. h., für jedes Wertepaar $(x; y)$ gilt $\frac{y}{x} = k$ (konstanter ***Proportionalitätsfaktor***).

- Zuordnungsvorschrift:
  $x \rightarrow k \cdot x$ k ist konstant und heißt ***Proportionalitätsfaktor***
- Gleichung: $y = k \cdot x$
- Veranschaulichung im Koordinatensystem:
  Die Wertepaare liegen auf einer Geraden bzw. Halbgeraden durch den Ursprung.

BEISPIEL

1 l Benzin kostet	1,20 €.
2 l Benzin kosten	2,40 €.
3 l Benzin kosten	3,60 €.
6 l Benzin kosten	7,20 €.

Die Wertepaare sind ***quotientengleich:***

$$\frac{1{,}2}{1} = \frac{2{,}4}{2} = \frac{3{,}6}{3} = \frac{7{,}2}{6} = 1{,}2 = k$$

Funktionsgleichung: $y = 1{,}2 \cdot x$

Graph im Koordinatensystem:

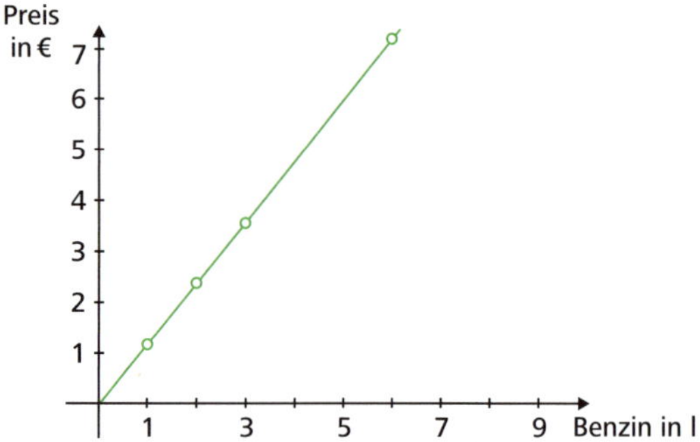

Indirekte Proportionalität

> x und y heißen zueinander indirekt proportional, wenn dem n-Fachen von x der n-te Teil von y zugeordnet wird $\left(x \sim \frac{1}{y}\right)$.

Die Wertepaare $(x; y)$ einer indirekten Proportionalität sind ***produktgleich,*** d. h., für jedes Wertepaar $(x; y)$ gilt $x \cdot y = k$.

- Zuordnungsvorschrift: $x \rightarrow \frac{k}{x}$
- Gleichung: $y = \frac{k}{x} = k \cdot \frac{1}{x}$
- Veranschaulichung im Koordinatensystem:
  Die Wertepaare liegen auf einem Hyperbelast.

BEISPIEL Angenommen, eine Strecke von 100 m wird mit unterschiedlichen Geschwindigkeiten durchfahren, dann verändern sich auch die jeweiligen Zeiten.

Geschwindigkeit in m/s	5	10	15	20	25
Zeit in Sekunden	20,0	10,0	≈ 6,7	5,0	4,0

Graph im Koordinatensystem:

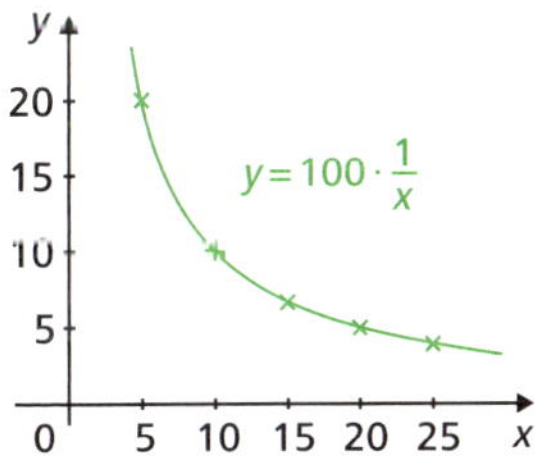

Die Wertepaare sind ***produktgleich:***
$5 \cdot 20 = 10 \cdot 10 = 15 \cdot 6,\overline{6} = 20 \cdot 5 = 25 \cdot 4 = 100$

Funktionsgleichung: $y = 100 \cdot \frac{1}{x}$

4.3 Lineare Funktionen

Funktionsgleichung: $f(x) = y = ax + b$
Man bezeichnet die Konstante a oftmals mit m: $y = mx + b$ (oft: $y = mx + n$, ↗ Lineare Gleichungen, S. 37 f.).

- Definitionsbereich $D = \mathbb{R}$
- Graph im Koordinatensystem: ***Gerade***
- b heißt y-Achsenabschnitt der Geraden, m heißt ***Steigung*** der Geraden.
- ***Steigungsformel:***
  $m = \frac{y_2 - y_1}{x_2 - x_1}$
  $m = \tan \alpha$
  $m > 0$: steigende Gerade
  $m < 0$: fallende Gerade
  $m = 0$: konstante Gerade (Parallele zur x-Achse)

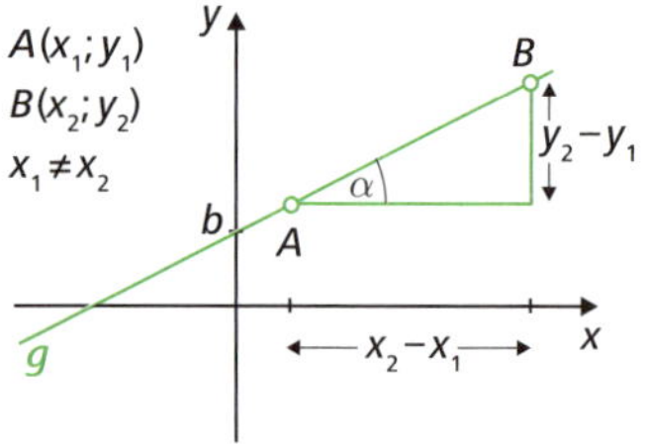

BEISPIELE

- f_1: $y = 3x + 1$
- f_2: $y = x$
- f_3: $y = -2x - 1$
- f_4: $y = 3$ (konstante Funktion)
- f_5: $y = -\frac{1}{2}x - 1$

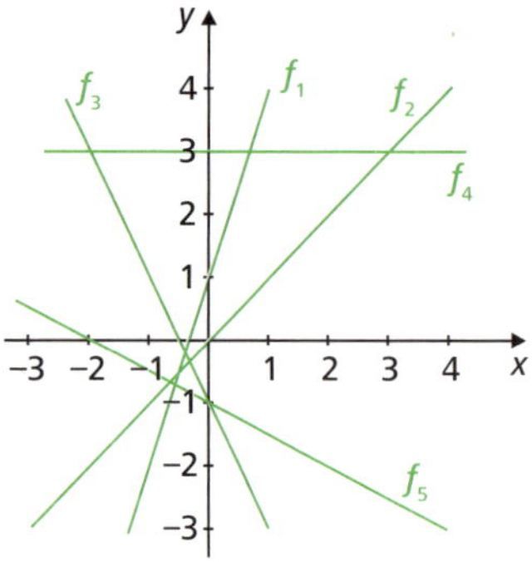

SONDERFÄLLE

- $y = 0$ (Gerade liegt auf x-Achse)
- $x = 0$ (Gerade liegt auf y-Achse. Dies ist *keine* Funktion)

Schnittpunkte von Geraden: Die Ermittlung des Schnittpunkts entspricht der Lösungsermittlung eines linearen Gleichungssystems (↗ S. 40 ff.).

Lage von zwei Geraden g_1 und g_2 im Koordinatensystem

g_1: $y = m_1x + b_1$ g_2: $y = m_2x + b_2$

1. ***Parallele Geraden:*** Die Steigung ist gleich.

BEISPIEL g_1: $y = \frac{3}{2}x + 1$

g_2: $y = \frac{3}{2}x - 1$

Es existiert kein Schnittpunkt, das Gleichungssystem hat keine Lösung.

$g_1 \parallel g_2$

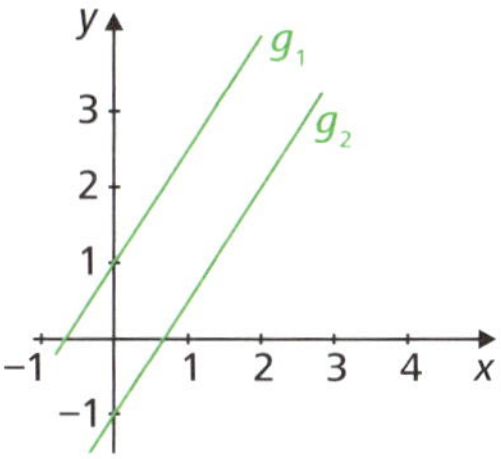

4

2. ***Identische Geraden:*** Steigung und y-Achsen-Abschnitt sind gleich.

BEISPIEL g_1: $2y = 4x + 2$, d.h. $y = 2x + 1$;

$g_1 = g_2$

g_2: $y = 2x + 1$

Es existieren unendlich viele Schnittpunkte, das Gleichungssystem hat unendlich viele Lösungen.

$g_1 \equiv g_2$

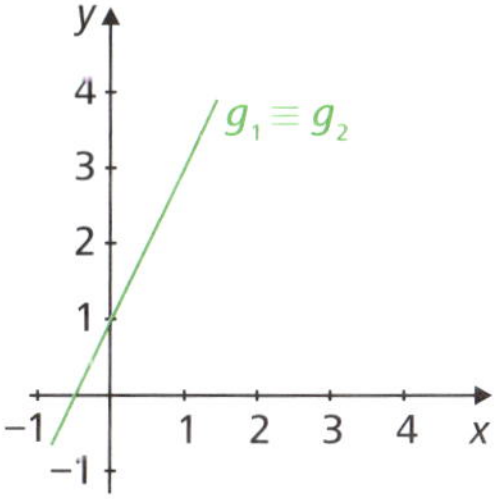

3. Zwei Geraden schneiden sich:

BEISPIEL:

g_1: $y = \frac{1}{3}x - 2$

g_2: $y = -x + 2$

Berechnung des Schnittpunkts:

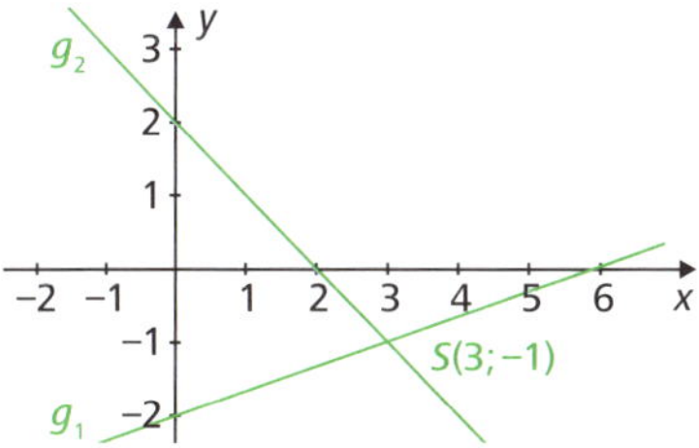

Auflösen nach dem Gleichsetzungsverfahren (↗ S. 42):

$\frac{1}{3}x - 2 = -x + 2$

$\frac{4}{3}x = 4$

$x = 3 \Rightarrow$ in g_2 einsetzen $\Rightarrow y = -3 + 2 = -1$

$g_1 \cap g_2$ ***Schnittpunkt*** $S\,(3; -1)$

SPEZIALFALL zu 3.: ***Orthogonale Geraden:***
Für die Steigung gilt: $m_1 \cdot m_2 = -1$.

BEISPIEL g_1: $y = -\frac{1}{2}x + 1$

g_2: $y = 2x - 4$

$m_1 \cdot m_2 = -\frac{1}{2} \cdot 2 = -1 \Rightarrow$ Geraden sind orthogonal.

Es existiert genau ein Schnittpunkt.

Lösen mit Gleichsetzungsverfahren:

$-\frac{1}{2}x + 1 = 2x - 4 \quad | -2x - 1 \quad | : (-2{,}5)$

$x = 2$

$y = 0$

$g_1 \perp g_2$ Schnittpunkt $S\,(2; 0)$

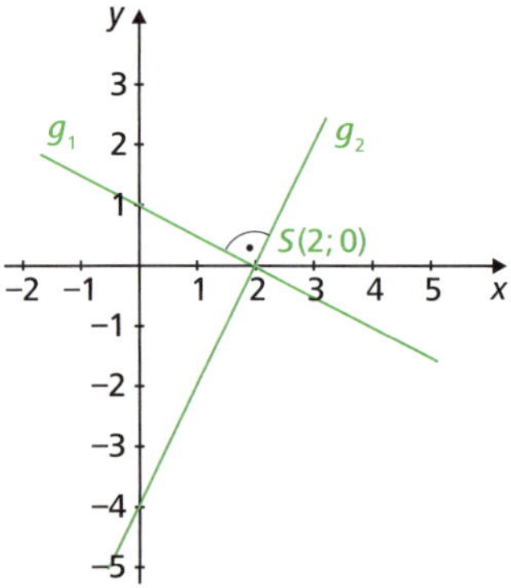

4.4 Quadratische Funktionen

Funktionsgleichung: $f(x) = y = ax^2 + bx + c$ (↗ Quadratische Gleichungen, S. 48 ff.)

- Definitionsbereich: $D = \mathbb{R}$
- Graph im Koordinatensystem: ***Parabel***

Normalparabel: $f(x) = x^2$ mit ***Scheitelpunkt:*** $S(0; 0)$

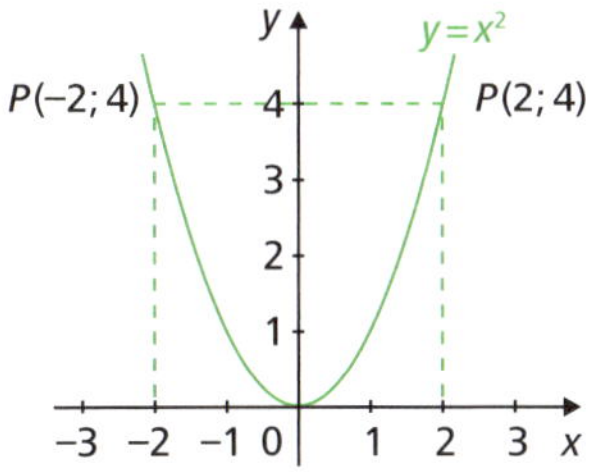

Parabeln: $f(x) = ax^2$

- $a = 1$
  Normalparabel
- $|a| > 1$
  gestreckte Parabel
- $|a| < 1$
  gestauchte Parabel
- $a > 0$
  nach oben geöffnete Parabel
- $a < 0$
  nach unten geöffnete Parabel

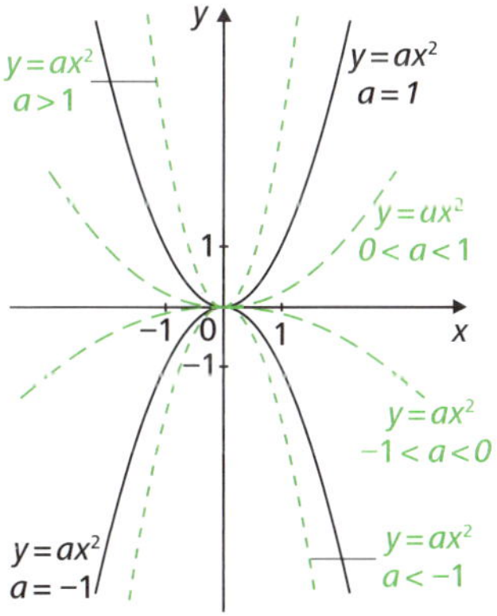

Verschiebungen der Normalparabel

- $f(x) = x^2 + e$
  Verschiebung der Normalparabel um $+e$ parallel zur y-Achse.
  Scheitelpunkt $S(0; e)$
  BEISPIELE
  - $f_1(x) = x^2 + 2$; $S(0; 2)$
  - $f_2(x) = x^2 - 1$; $S(0; -1)$

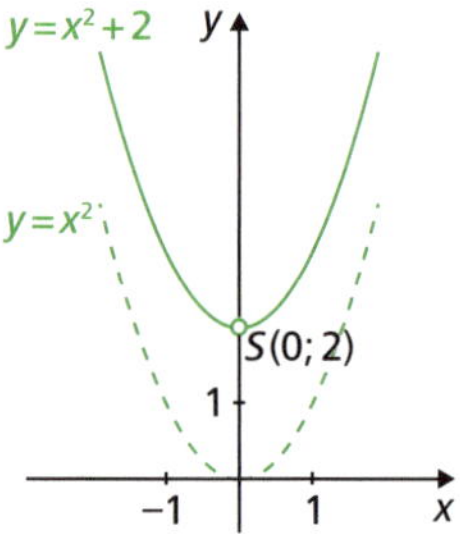

- $f(x) = (x + d)^2$
  Verschiebung der Normalparabel um $-d$ parallel zur x-Achse.
  Scheitelpunkt $S(-d; 0)$
  BEISPIELE
  - $f_1(x) = (x + 3)^2$; $S(-3; 0)$
  - $f_2(x) = \left(x - \frac{1}{2}\right)^2$; $S\left(+\frac{1}{2}; 0\right)$

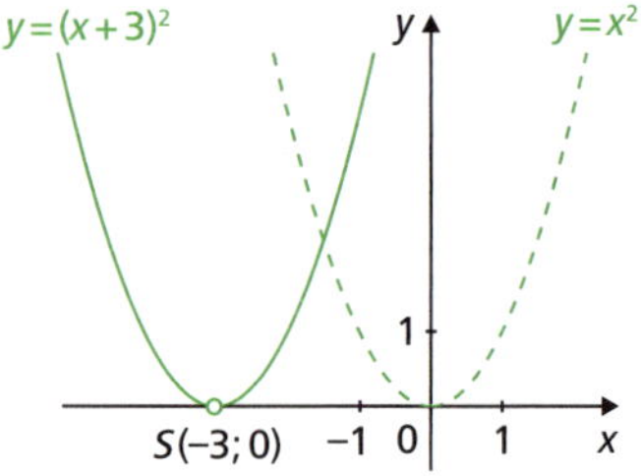

- $f(x) = (x + d)^2 + e$
  Verschiebung der Normalparabel um $+e$ parallel zur y-Achse und um $-d$ parallel zur x-Achse.
  Scheitelpunkt $S(-d; e)$
  BEISPIELE
  - $f_1(x) = (x - 2)^2 - 1$; $S(+2; -1)$
  - $f_2(x) = -(x + 1)^2 + 2$; $S(-1; +2)$

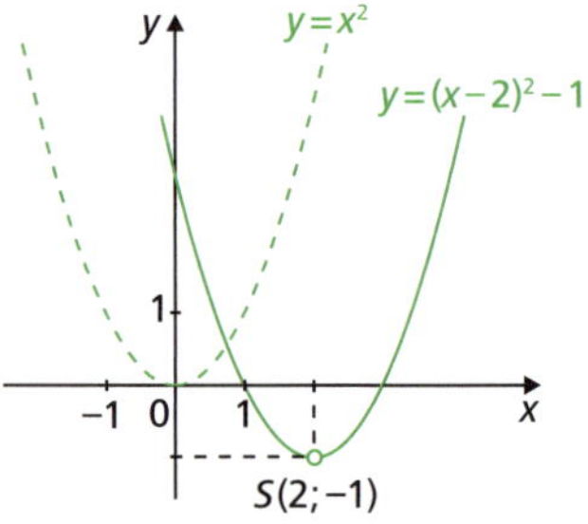

Scheitelpunkt der allgemeinen quadratischen Funktion $f(x) = ax^2 + bx + c$

Scheitelpunkt $S\left(-\frac{b}{2a}; c - \frac{b^2}{4a}\right)$

BEISPIEL

$f(x) = 3x^2 - 12x + 13$ $\qquad a = 3; b = -12; c = 13$

$S\left(-\frac{-12}{2 \cdot 3}; 13 - \frac{12^2}{4 \cdot 3}\right) = S\left(\frac{12}{6}; 13 - \frac{144}{12}\right) = S(2; 13 - 12)$,

d. h. der Scheitelpunkt von $f(x)$ lautet $S(2; 1)$.

Berechnen der Schnittpunkte mit der *x*-Achse (Nullstellen)

Die Bedingung lautet: $f(x) = y = ax^2 + bx + c = 0$.

4

Gelöst wird mit Methoden zur Lösung quadratischer Gleichungen (↗ S. 48 ff.). Die drei möglichen Lösungsarten lassen sich geometrisch im Koordinatensystem veranschaulichen.

BEISPIELE Wir bestimmen die Nullstellen quadratischer Funktionen und skizzieren die Graphen:

- $f(x) = x^2 + 2x - 3$

  $x^2 + 2x - 3 = 0$

  $x_{1/2} = -\frac{2}{2} \pm \sqrt{\left(\frac{2}{2}\right)^2 - (-3)}$

  $= -1 \pm \sqrt{1 + 3}$

  $= -1 \pm \sqrt{4} = 1 \pm 2$

  $x_1 = 1$

  $x_2 = -3$

  Zwei Schnittpunkte mit der *x*-Achse:

  $N_1\,(1; 0)$; $N_2\,(-3; 0)$.

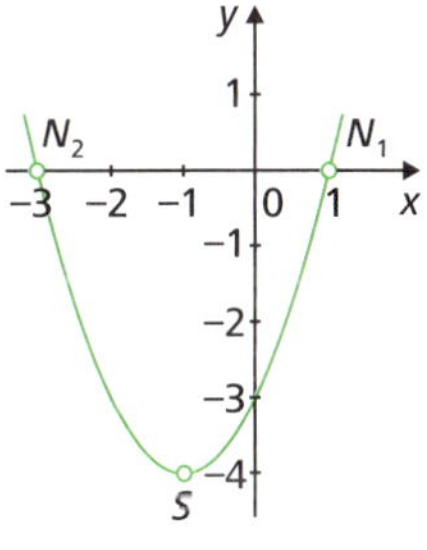

- $f(x) = x^2 + 4x + 4$

$$x^2 + 4x + 4 = 0$$
$$(x + 2)(x + 2) = 0$$
$$x_1 = -2$$
$$x_2 = -2$$

Ein Schnittpunkt mit der x-Achse: $N(-2; 0)$.

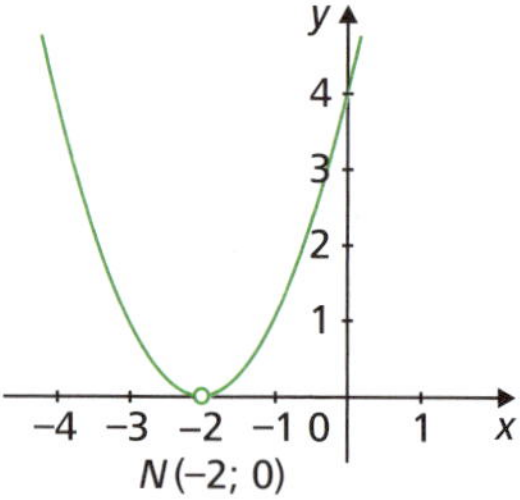

- $f(x) = x^2 - 2x + 3$

$$x^2 - 2x + 3 = 0$$
$$x_{1/2} = -\frac{-2}{2} \pm \sqrt{\left(\frac{-2}{2}\right)^2 - 3}$$
$$= 1 \pm \sqrt{1 - 3}$$
$$= 1 \pm \sqrt{-2}$$

Es existiert keine reelle Lösung. Die Funktion hat keinen Schnittpunkt mit der x-Achse.

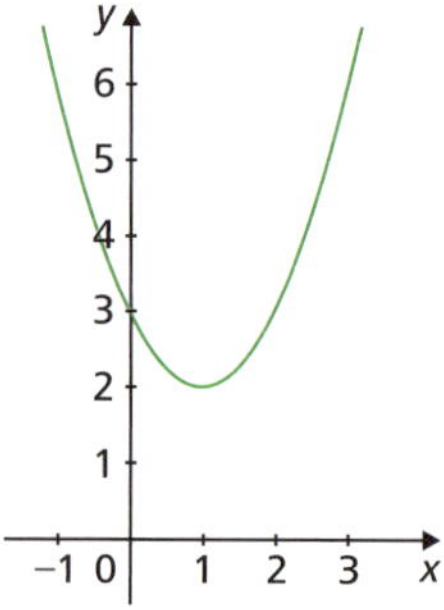

4.5 Potenzfunktionen

Potenzfunktionen mit natürlichen Exponenten

Funktionsgleichung: $f(x) = x^n$; $n \in \mathbb{N}$

- Definitionsbereich: $D = \mathbb{R}$
- Graph im Koordinatensystem: Parabel

Man unterscheidet gerade und ungerade Funktionen:

n gerade

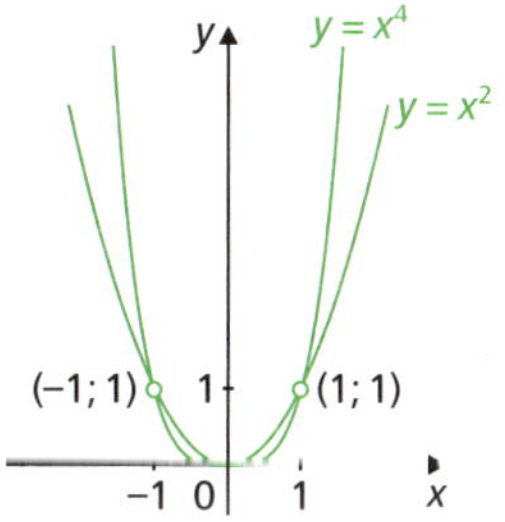

Achsensymmetrische Parabeln
bezüglich der *y*-Achse

n ungerade

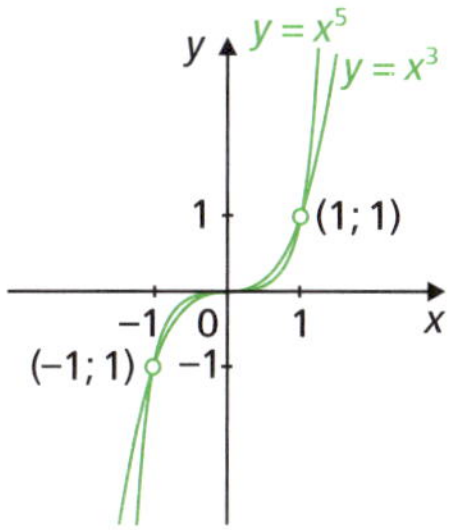

Punktsymmetrische Parabeln
bezüglich dem Nullpunkt (0; 0)

Potenzfunktionen mit ganzzahligen negativen Exponenten

Funktionsgleichung: $f(x) = x^{-n} \Leftrightarrow f(x) = \frac{1}{x^n}$; $n \in \mathbb{N}$

- Definitionsbereich: $D = \mathbb{R}\setminus\{0\}$
- Graph im Koordinatensystem: ***Hyperbel***
  Die Graphen der Funktionen verlaufen ***asymptotisch,*** d. h., sie nähern sich den Achsen bzw. einer waagrechten und senkrechten Geraden ***(Asymptoten)*** an und kommen dieser beliebig nahe, berühren sie aber nie.

Man unterscheidet gerade und ungerade Funktionen:

n gerade

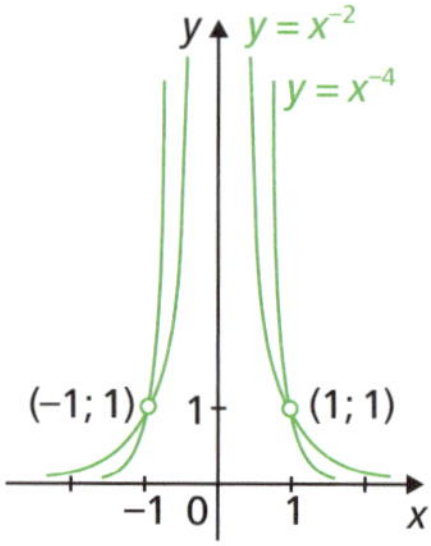

Achsensymmetrische Hyperbeln
bezüglich der y-Achse;
Gleichungen der Asymptoten:
$x = 0$ und $y = 0$

n ungerade

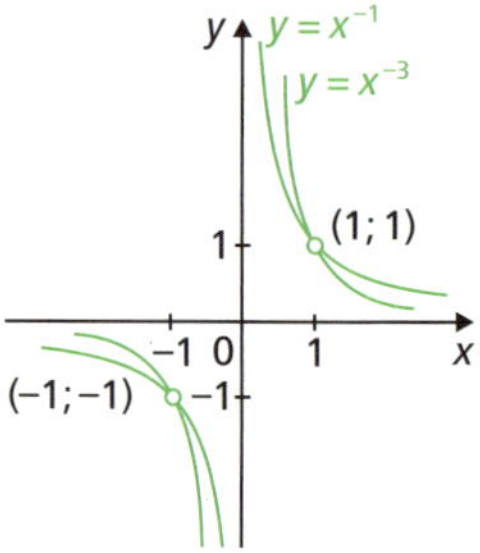

Punktsymmetrische Hyperbeln
bezüglich dem Nullpunkt (0; 0);
Gleichungen der Asymptoten:
$x = 0$ und $y = 0$

Potenzfunktionen mit rationalen, nicht ganzzahligen Exponenten

Funktionsgleichung $f(x) = x^{\frac{m}{n}} \Leftrightarrow f(x) = \sqrt[n]{x^m}$; $\frac{m}{n} \in \mathbb{Q} \setminus \mathbb{Z}$

Bei der Darstellung im Koordinatensystem unterscheidet man Graphen für $\frac{m}{n} > 0$ und $\frac{m}{n} < 0$

$\frac{m}{n} > 0$; $D = \mathbb{R}_0^+$

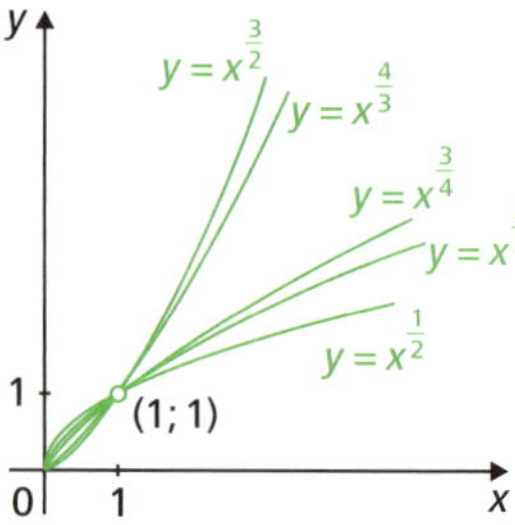

$\frac{m}{n} < 0$; $D = \mathbb{R}^+$

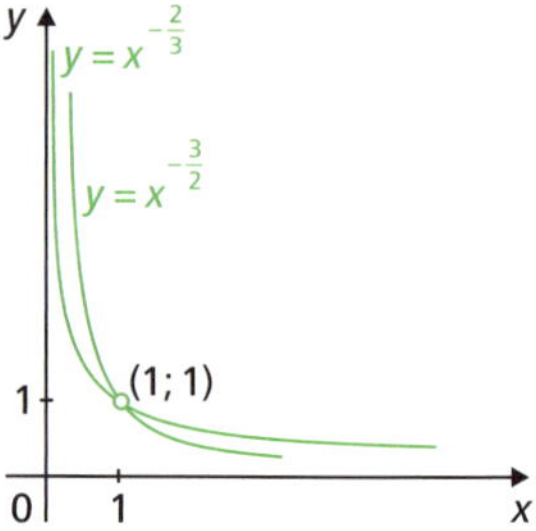

Gleichungen der Asymptoten:
$x = 0$ und $y = 0$

4.6 Ganzrationale und gebrochenrationale Funktionen

Ganzrationale Funktionen sind zusammengesetzte Potenzfunktionen. Den Funktionsterm $f(x)$ nennt man auch ***Polynom.***
Funktionsgleichung: $f(x) = a_n x^n + a_{n-1} x^{n-1} + \ldots$
$+ a_2 x^2 + a_1 x + a_0$
Die höchste Potenz für x gibt den ***Grad der Funktion*** an.
Definitionsmenge $D = \mathbb{R}$

BEISPIELE

- $f_1(x) = 2x^4 + 4x^2 - 3x$ (Funktion 4. Grades)
- $f_2(x) = 4x^2 + 8x + 1$ (Funktion 2. Grades; ↗ quadratische Funktionen, S. 67 ff.)
- $f_3(x) = -3x - 1$ (Funktion 1. Grades; ↗ lineare Funktionen, S. 64 ff.)
- $f_4(x) = 3$ (Funktion 0. Grades; ↗ konstante Funktion, S. 64)

Gebrochenrational nennt man Funktionen, deren Term ein Quotient aus Polynomen ist. Der Definitionsbereich dieser Funktionen muss jeweils überprüft werden.

FEHLERQUELLE Die Nullstellen des Nenners sind ***Definitionslücken.*** Der Nenner darf nicht null werden.

BEISPIEL $f(x) = \frac{x^2 + 2x + 1}{x^2 - 1}$

Bestimmen der Definitionslücken:

$x^2 - 1 = (x + 1) \cdot (x - 1) = 0$

$x_1 = -1$

$x_2 = +1$

Definitionsmenge $D = \mathbb{R} \setminus \{-1; +1\}$

4.7 Exponentialfunktionen

Funktionsgleichung: $f(x) = a^x$; $a \in \mathbb{R}^+ \setminus \{1\}$
Definitionsmenge $D = \mathbb{R}$

BEISPIELE
für die Darstellung im Koordinatensystem:

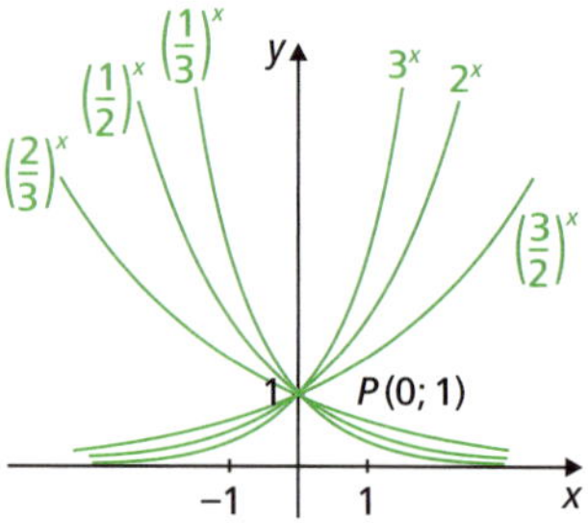

BEACHTE
Die Graphen verlaufen alle durch $P(0; 1)$.

$f(x) = \left(\frac{1}{a}\right)^x \Leftrightarrow f(x) = a^{-x}$

Exponentialfunktionen
$f(x) = c \cdot a^x$
mit Anfangswert c; $c \in \mathbb{R}$

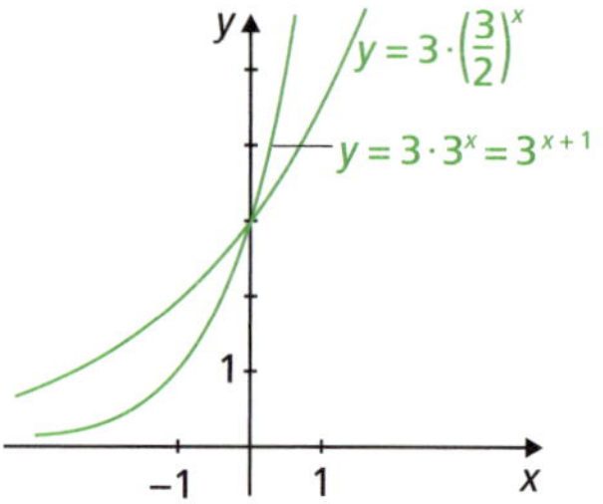

BEACHTE
Die Graphen verlaufen alle durch $P(0; c)$.
Hier: $P(0; 3)$

Anwendungen der Exponentialfunktion

Zinseszinsen: Anfangskapital K_0; Endkapital nach n Jahren

K_n, Zinssatz p, Zeit in Jahren n, Wachstumsfaktor $q = \left(1 + \frac{p}{100}\right)$

$$K_n = K_0 \cdot \left(1 + \frac{p}{100}\right)^n = K_0 \cdot q^n$$

BEISPIEL Ein Kapital von 15 000 € wird mit einer Laufzeit von 7 Jahren mit 6,5 % verzinst. Wie hoch ist das Endkapital?

$$K_n = 15\,000\,€ \left(1 + \frac{6{,}5}{100}\right)^7 = 15\,000\,€ \cdot 1{,}065^7 \approx 23\,309{,}80\,€$$

4.8 Logarithmusfunktionen

Funktionsgleichung: $f(x) = \log_a x;\ \ a \in \mathbb{R}^+ \setminus \{1\}$
Definitionsmenge $D = \mathbb{R}^+$

BEISPIELE für die Darstellung im Koordinatensystem:

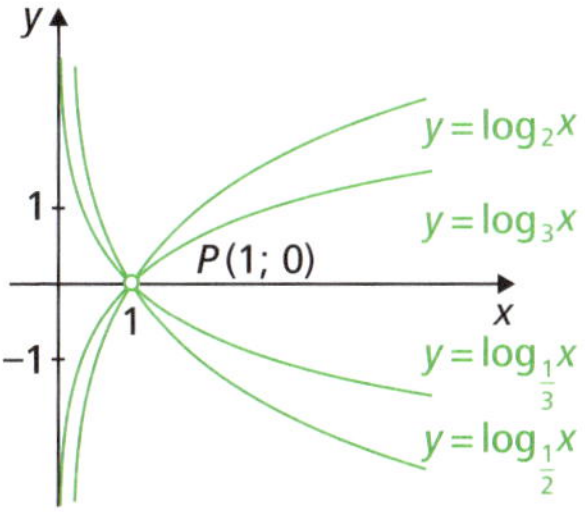

BEACHTE $f(x) = \log_{\left(\frac{1}{a}\right)} x \Leftrightarrow f(x) = -\log_a x$

Zusammenhang mit der Exponentialfunktion

Die ***Logarithmusfunktion*** $f(x) = \log_a x$ ist die Umkehrfunktion der ***Exponentialfunktion*** $f(x) = a^x$.

BEISPIEL
Wir zeichnen den Graphen der Funktion $f(x) = \log_3 x$ mithilfe der Exponentialfunktion $f(x) = 3^x$.
Durch Spiegelung des Graphen von $f(x) = 3^x$ an der 1. Winkelhalbierenden erhalten wir den Graphen der ***Umkehrfunktion*** $f^{-1}(x) = \log_3 x$.

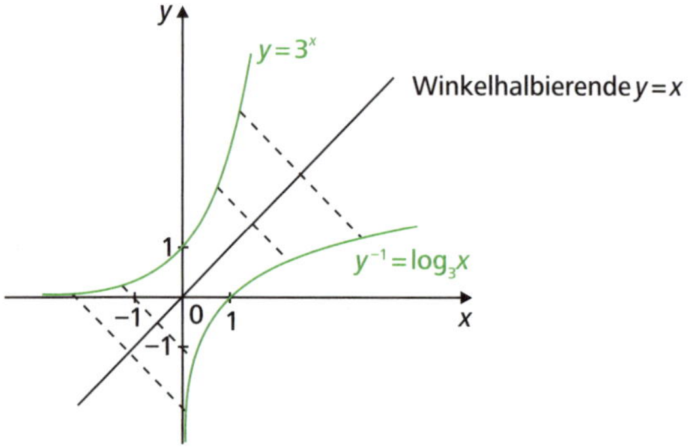

4.9 Trigonometrische Funktionen

Bogenmaß *x*
x ist die Länge des Kreisbogens im Einheitskreis (Radius $r = 1$ LE) mit Mittelpunktswinkel φ (↗ S. 113).

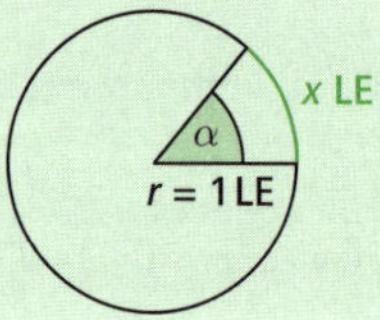

FORMELN zur Umrechnung von Bogenmaß *x* in ***Winkelmaß*** φ und umgekehrt:

$\varphi = \frac{x}{\pi} \cdot 180°$ $\qquad$ $x = 2\pi \cdot \frac{\varphi}{360°}$

Häufig benötigte Umrechnungen:

φ	0°	30°	45°	60°	90°	180°	270°	360°
x	0	$\frac{\pi}{6}$	$\frac{\pi}{4}$	$\frac{\pi}{3}$	$\frac{\pi}{2}$	π	$\frac{3}{2}\pi$	2π

Sinusfunktion

Funktionsgleichung: $f(x) = \sin x$

- Definitionsmenge $D = \mathbb{R}$
- Wertemenge $[-1; +1]$
- Darstellung im Koordinatensystem:

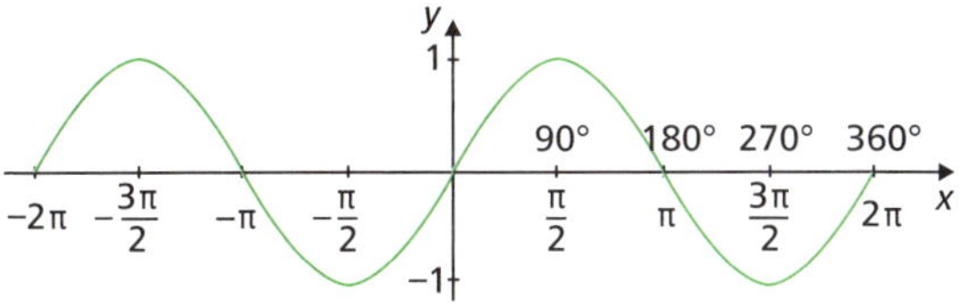

BEACHTE Die Funktion ist ***punktsymmetrisch*** bzgl. des Ursprungs, es gilt: $\sin(-x) = -\sin x$.
Die ***Periode*** ist 2π (bzw. 360°). $\sin x = \sin(x + k \cdot 2\pi)$; $k \in \mathbb{Z}$.

Kosinusfunktion

Funktionsgleichung: $f(x) = \cos x$

- Definitionsmenge: $D = \mathbb{R}$
- Wertemenge $[-1; +1]$
- Darstellung im Koordinatensystem:

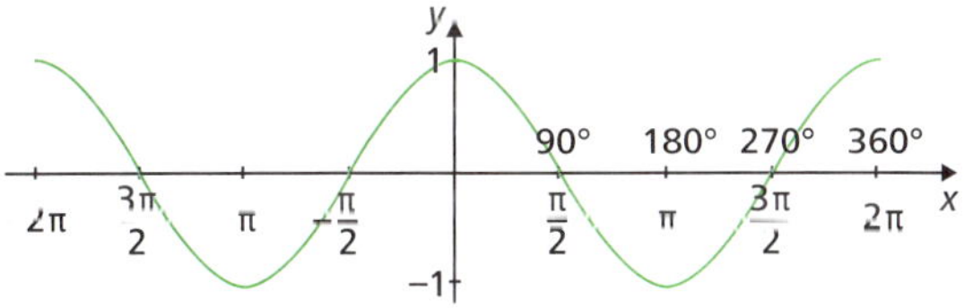

BEACHTE Die Funktion ist ***achsensymmetrisch*** bzgl. der y-Achse, es gilt: $\cos(-x) = \cos x$.
Die ***Periode*** ist 2π (bzw. 360°). $\cos x = \cos(x + k \cdot 2\pi)$; $k \in \mathbb{Z}$.

Tangensfunktion

Funktionsgleichung: $f(x) = \tan x$

- Definitionsmenge $D = \left(x \in \mathbb{R} \mid x \neq (2k+1) \cdot \frac{\pi}{2}\right); k \in \mathbb{Z}$
- Wertemenge $W = \mathbb{R}$
- Darstellung im Koordinatensystem:

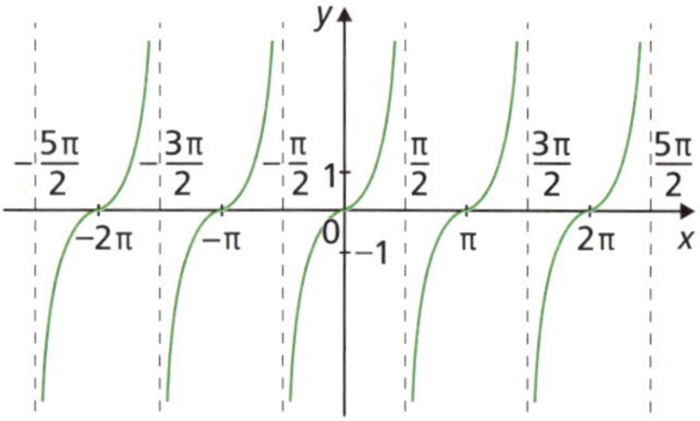

BEACHTE Die Funktion ist ***punktsymmetrisch*** bzgl. des Ursprungs, es gilt:

$\tan(-x) = -\tan x$.

Die ***Periode*** ist π (bzw. 180°):

$\tan x = \tan(x + k \cdot \pi); k \in \mathbb{Z}$.

Kotangensfunktion

Funktionsgleichung: $f(x) = \cot x$

- Definitionsmenge: $D = \{x \in \mathbb{R} \mid x \neq k\pi)\}\ k \in \mathbb{Z}$
- Wertemenge $W = \mathbb{R}$
- Darstellung im Koordinatensystem:

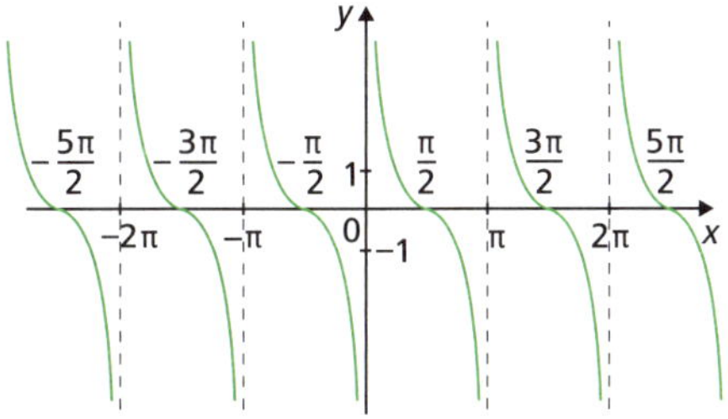

BEACHTE Die Funktion ist ***punktsymmetrisch*** bzgl. des Ursprungs, es gilt:
$\cot(-x) = -\cot x$.
Die ***Periode*** ist π (bzw. 180°):
$\cot x = \cot(x + k \cdot \pi);\ k \in \mathbb{Z}$.

Teste dein Wissen!

Kapitel „Funktionen"	O.K. ✓	Das muss ich noch mal lesen
Ich kann den Begriff *Funktion* erklären.		S. 59
Ich kann mithilfe einer Wertetabelle den ungefähren Verlauf eines Funktionsgraphen im Koordinatensystem skizzieren.		S. 60
Ich kann direkt proportionale und indirekt proportionale Zuordnungen unterscheiden.		S. 61–63
Ich kann die Gleichung einer linearen Funktion angeben und den Graph skizzieren.		S. 64
Ich kann die Lage zweier Geraden zueinander rechnerisch ermitteln.		S. 65, 66
Ich kann Gleichungen einer Parabel angeben, Nullstellen und Scheitelpunkt berechnen und den Verlauf skizzieren.		S. 67–70
Ich kann den ungefähren Verlauf einer Potenzfunktion $f(x) = x^n$ ($n \in \mathbb{Q}$) skizzieren.		S. 71, 72
Ich kann Beispiele für ganzrationale bzw. gebrochenrationale Funktionen angeben.		S. 73
Ich kann Graphen einfacher Exponential- und Logarithmusfunktionen skizzieren.		S. 74, 75
Ich kann die Funktionen $\sin(x)$, $\cos(x)$, $\tan(x)$ grafisch darstellen.		S. 77, 78

Geometrie

5.1 Grundbegriffe

Unter einem geometrischen Gebilde soll eine „Menge von Punkten" – eine sogenannte ***Punktmenge*** – verstanden werden.

Ebene: Eine Ebene E ist eine unendlich ausgedehnte zweidimensionale Punktemenge. (In der Abbildung ist nur ein Teil der unendlich ausgedehnten Ebene skizziert.)

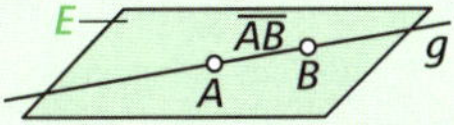

Strecke: Die kürzeste Verbindung zwischen zwei Punkten A und B nennt man Strecke $\overline{AB}$.

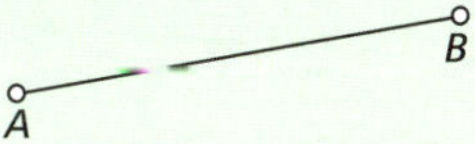

Gerade: Eine Gerade g nennt man die unendliche Verlängerung einer Strecke über ihre Endpunkte hinaus.

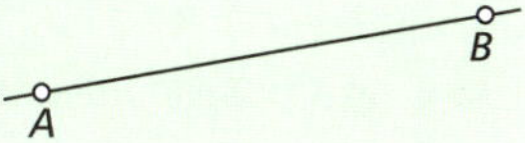

Schnittpunkt: Existiert zu zwei verschiedenen Geraden g und h ein Punkt P, der auf beiden Geraden liegt, so heißt P Schnittpunkt von g und h: $g \cap h = \{P\}$.
Zwei Geraden ohne Schnittpunkt nennt man ***parallel.*** Sonderfall: ***Identische*** Geraden sind parallel und haben unendlich viele Schnittpunkte.

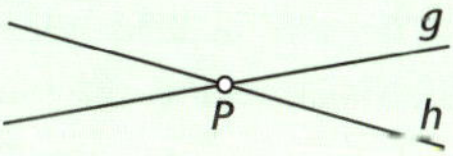

$g \cap h = \{P\}$

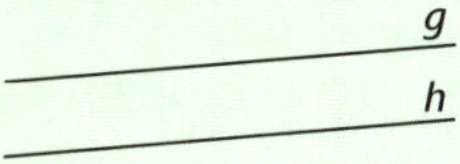

$g || h$

Halbgerade oder ***Strahl:*** Die Halbgerade ist die Verlängerung einer Strecke über ***einen*** Endpunkt hinaus.

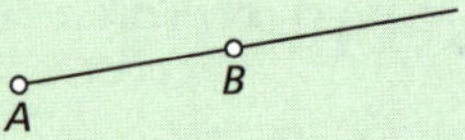

Winkel: Zwei Halbgeraden mit einem gemeinsamen Anfangspunkt erzeugen einen Winkel. Die Halbgeraden heißen dann ***Schenkel:*** Der gemeinsame Anfangspunkt heißt ***Scheitelpunkt*** *S*.

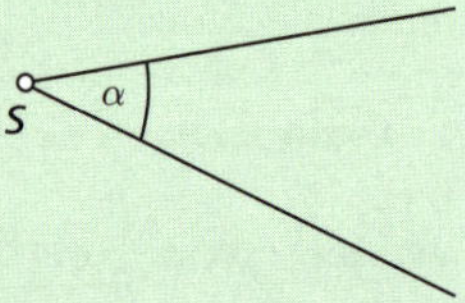

BEISPIEL Der Zeichnung kann man Folgendes entnehmen:
$g \parallel h$; $g \nparallel k$; $h \nparallel k$; $g \cap k = \{A\}$; $h \cap k = \{B\}$; $g \cap h = \{\ \}$; $\overline{AB} \subset k$; $\overline{AB} \not\subset g$; $\overline{AB} \not\subset h$; $A \in g$; $A \in k$; $A \notin h$; $B \in h$; $B \in k$; $B \notin g$

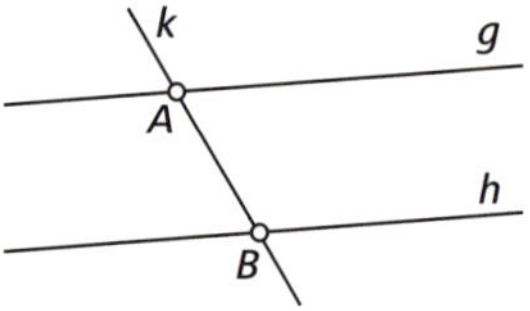

Winkelsätze

Winkel an sich schneidenden Geraden

Schneiden sich zwei Geraden in der Ebene, so kann man 4 ***Winkelfelder*** unterscheiden: Je zwei gegenüberliegende Felder heißen Scheitelwinkelfelder, je zwei nebeneinanderliegende Felder heißen Nebenwinkelfelder.

Scheitelwinkel sind gleich groß.
Scheitelwinkelpaare: $\alpha = \gamma$; $\beta = \delta$
Nebenwinkel ergänzen sich zu 180°.
Nebenwinkelpaare:

$\alpha + \beta = 180°$; $\alpha + \delta = 180°$
$\gamma + \beta = 180°$; $\gamma + \delta = 180°$

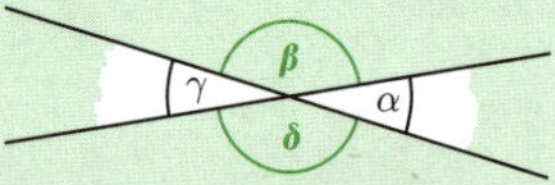

Winkel an parallelen Geraden

Werden in der Ebene zwei parallele Geraden g_1 und g_2 von einer dritten Geraden h geschnitten, so unterscheidet man 8 ***Winkelfelder*** und dabei wiederum Stufenwinkel- und Wechselwinkelfelder.

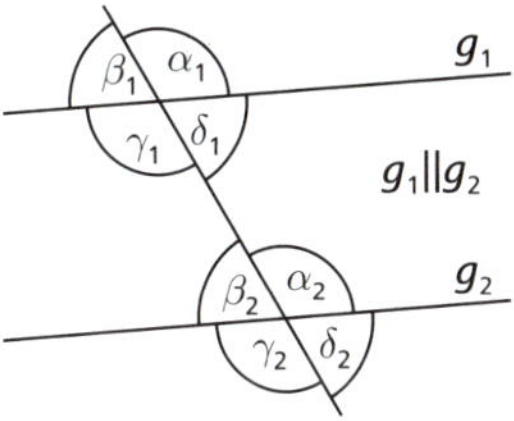

Stufenwinkelpaare sind:
$\alpha_1 = \alpha_2$; $\beta_1 = \beta_2$; $\gamma_1 = \gamma_2$; $\delta_1 = \delta_2$.
Wechselwinkelpaare sind:
$\alpha_1 = \gamma_2$; $\beta_1 = \delta_2$; $\gamma_1 = \alpha_2$; $\delta_1 = \beta_2$.

Stufenwinkel und ***Wechselwinkel*** an geschnittenen Parallelen sind gleich groß.

BEISPIEL Gegeben ist $\alpha = 30°$.
Wir schließen: $\alpha = \gamma = \gamma' = \alpha' = 30°$
$\beta = 150°$ (denn $30° + 150° = 180°$)
$\delta = \delta' = \beta' = 150°$

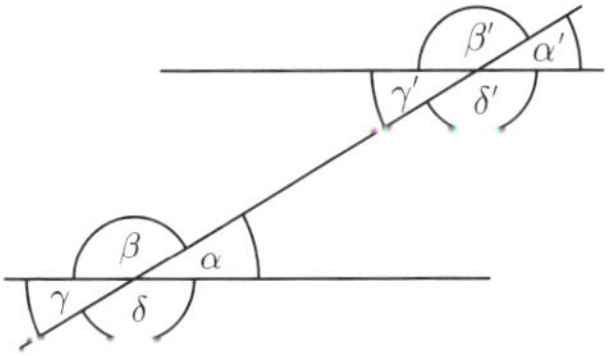

Winkelsorten

Nullwinkel:
$\alpha = 0°$

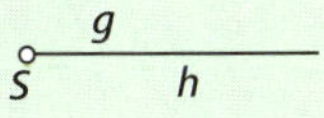

spitzer Winkel:
$0 < \alpha < 90°$

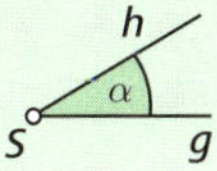

rechter Winkel:
$\alpha = 90°$

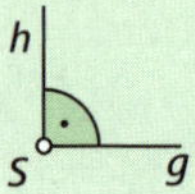

stumpfer Winkel:
$90° < \alpha < 180°$

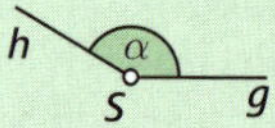

gestreckter Winkel:
$\alpha = 180°$

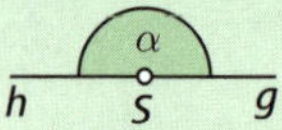

überstumpfer Winkel:
$180° < \alpha < 360°$

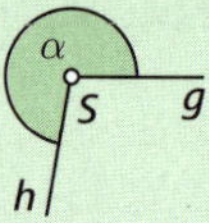

Vollwinkel:
$\alpha = 360°$

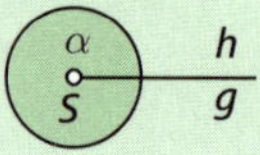

Winkelsummen

Die Summe der *Innenwinkel* im Dreieck beträgt 180°.

$\alpha + \beta + \gamma = 180°$

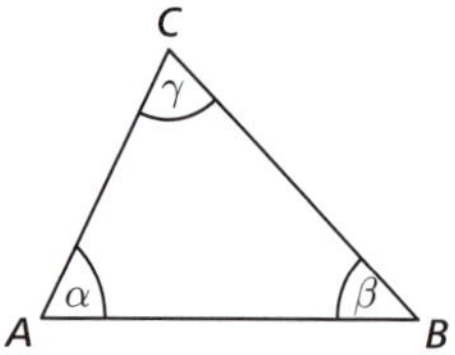

BEISPIEL

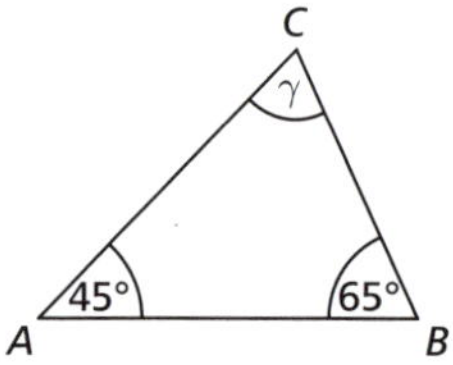

$\gamma = 180° - 45° - 65°$
$\gamma = 70°$

Summe der ***Innenwinkel*** im n-Eck: $(n - 2) \cdot 180°$.

BEISPIEL Summe der Innenwinkel im Sechseck:
$4 \cdot 180° = 720°$.

Winkel im Kreis:

- Alle Umfangswinkel γ über einer Sehne $\overline{AB}$ sind gleich groß.

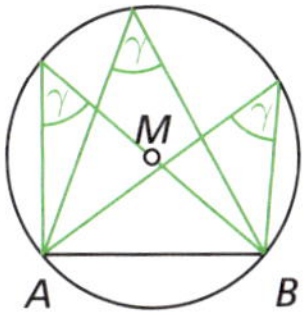

- Alle Umfangswinkel γ über einer Sehne $\overline{AB}$ sind halb so groß wie der ***Mittelpunktswinkel*** α über derselben Sehne:
  $\gamma = \frac{1}{2}\alpha$.

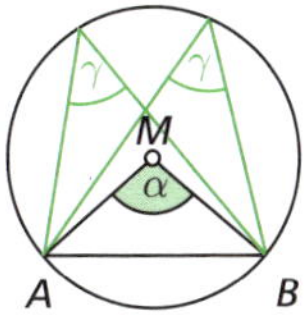

5

- Daraus folgt der ***Satz des*** THALES: Jeder ***Umfangswinkel*** über einem Durchmesser d ist ein rechter Winkel. (Der Mittelpunktswinkel beträgt nämlich 180°. Für den Umfangswinkel gilt dann: $\gamma = \frac{1}{2} \cdot 180° = 90°$.)

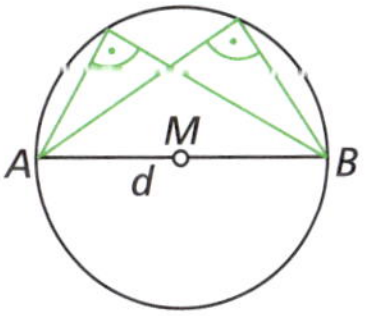

Geometrische Orte (Ortslinien)

Ein ***geometrischer Ort*** ist eine Teilmenge der Ebene (Kreis, Gerade, Strecke, …) – oder auch des Raumes – die eine gegebene Bedingung erfüllt.

Kreis mit Radius ***r***
Geometrischer Ort aller Punkte, die von einem Punkt M die Entfernung r haben.

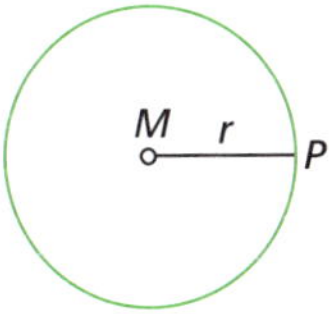

Parallele h mit Abstand *a*:
Geometrischer Ort aller Punkte, die von einer Geraden *g* die Entfernung *a* haben.

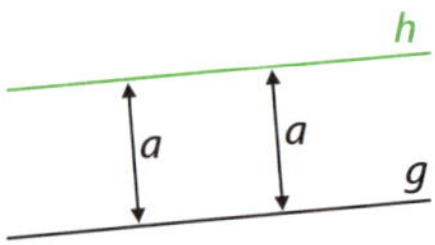

Mittelsenkrechte m einer Strecke:
Geometrischer Ort aller Punkte, die von den Endpunkten dieser Strecke jeweils gleich weit entfernt sind.

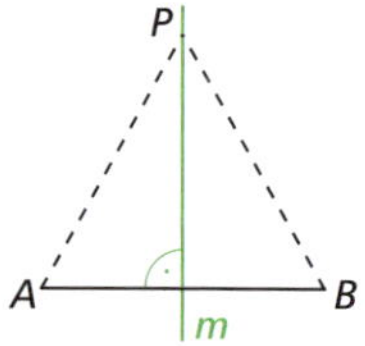

Winkelhalbierende w:
Geometrischer Ort aller Punkte, die von den Schenkeln des Winkels jeweils gleich weit entfernt sind.

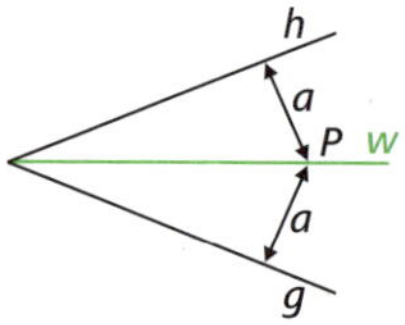

5.2 Kongruenzsätze und Ähnlichkeitssätze für Dreiecke

Kongruenz von Dreiecken

Zwei Dreiecke heißen kongruent (≅), wenn ihre Seiten und Winkel gleich sind und wenn sie so aufeinander abgebildet werden können, dass sie sich decken (kongruent = deckungsgleich). Diese Abbildung kann z. B. durch Drehung, Verschiebung, Spiegelung erfolgen.

Kongruenzsätze

Zwei Dreiecke sind kongruent, wenn sie

1. in allen drei Seiten übereinstimmen (sss),

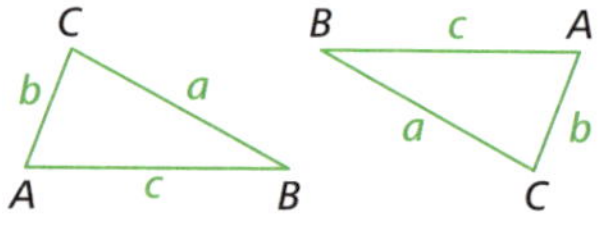

2. in zwei Seiten und dem eingeschlossenen Winkel übereinstimmen (sws),

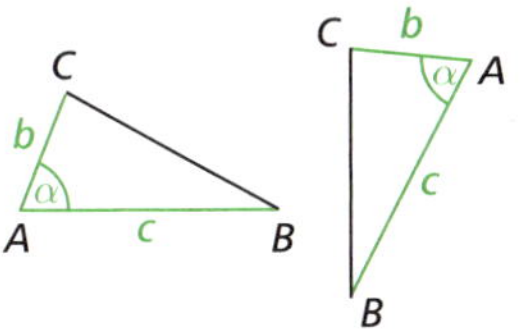

3. in einer Seite und den zwei anliegenden Winkeln übereinstimmen (wsw),

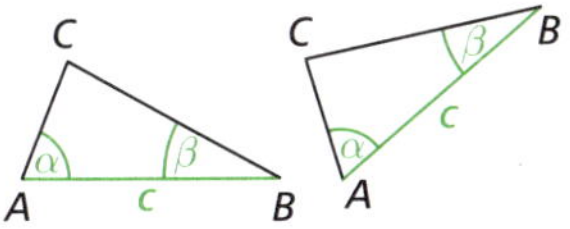

4. in zwei Seiten und dem der längeren Seite gegenüberliegenden Winkel übereinstimmen (Ssw).

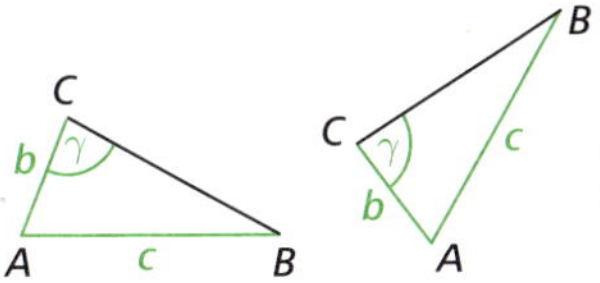

5

Aus den Sätzen ergibt sich, dass sich ein Dreieck genau dann eindeutig konstruieren lässt, wenn alle Größen in einem der 4 Sätze gegeben sind (↗ S. 122 ff.).

BEISPIELE

- Gegeben:
  $a = 4\,\text{cm}$, $b = 3\,\text{cm}$; $c = 5\,\text{cm}$
  Das Dreieck lässt sich eindeutig konstruieren (Satz 1, sss).

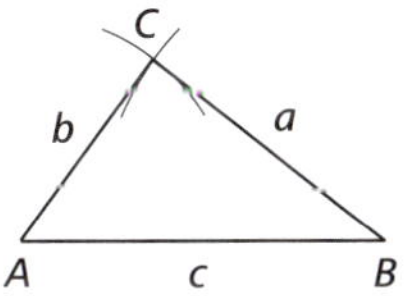

- Gegeben:
  $b = 3\,\text{cm}$; $c = 5\,\text{cm}$; $\gamma = 30°$
  Das Dreieck lässt sich eindeutig konstruieren (Satz 4, Ssw).

① 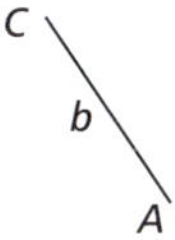

② 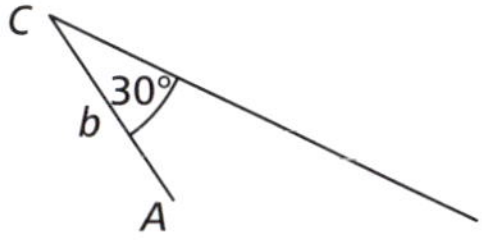

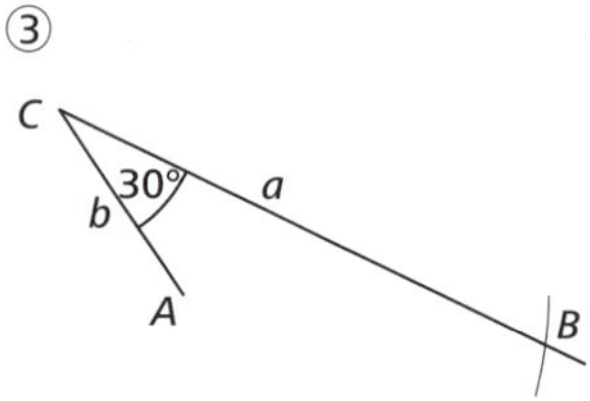

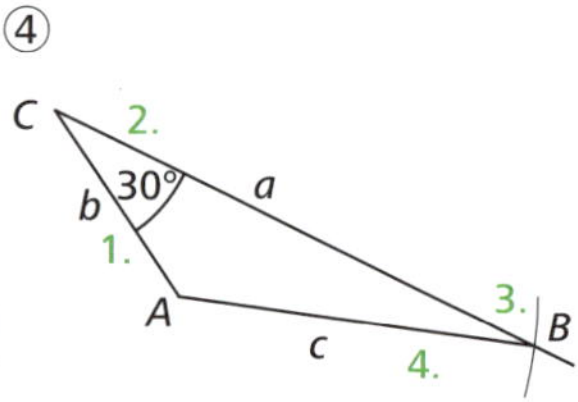

BEACHTE Liegt allerdings bei zwei gegebenen Seiten der angegebene Winkel nicht gegenüber der längeren Seite, so ist die Konstruktion nicht eindeutig.

BEISPIEL Es gelte:
$b = 3\,\text{cm}$, $c = 5\,\text{cm}$, $\beta = 30°$

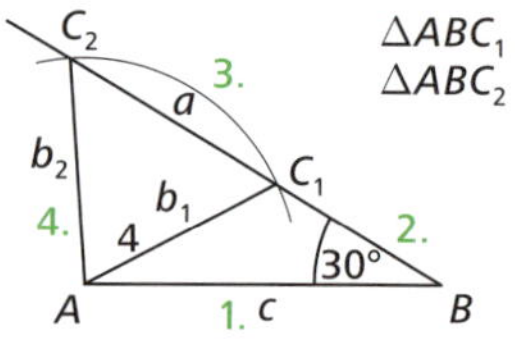

Ähnlichkeit von Dreiecken

Durch eine ***zentrische Streckung*** $Z_{S;k}$ mit ***Streckzentrum*** S und ***Streckfaktor*** k ($k \neq 0$) lässt sich eine Figur in eine ähnliche überführen.

BEISPIEL Das Dreieck ABC wird mit Streckzentrum S und Streckfaktor $k = 2$ abgebildet auf das Dreieck $A'B'C'$.

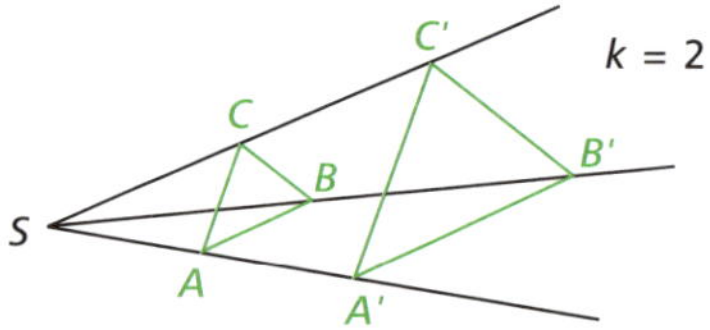

Zwei Dreiecke sind ***ähnlich*** (~), wenn sie durch zentrische Streckungen und Kongruenzabbildungen aufeinander abgebildet werden können.

Ähnlichkeitssätze

Zwei Dreiecke sind ähnlich, wenn sie

1. im Verhältnis der 3 Seiten übereinstimmen,
   $a : b : c = a' : b' : c'$,

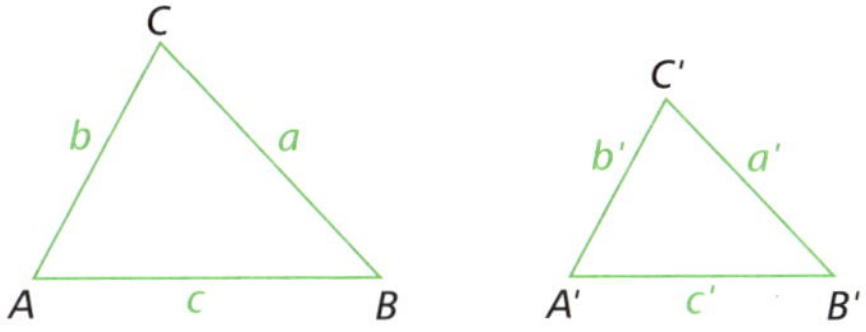

$a : b : c = a' : b' : c'$

2. im Verhältnis zweier Seiten und dem Zwischenwinkel übereinstimmen,

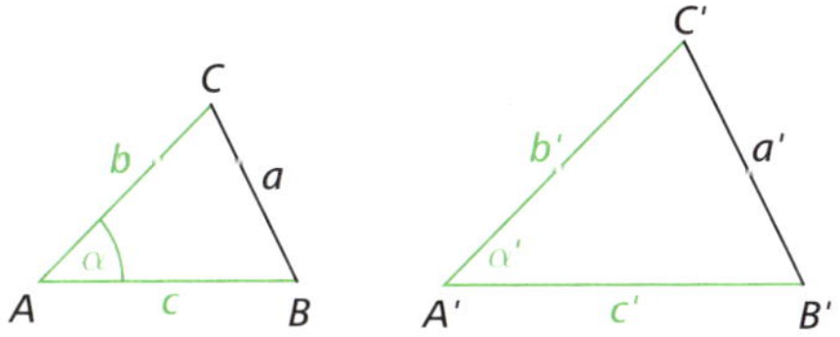

$b : c = b' : c'; \alpha = \alpha'$

3. in zwei Winkeln übereinstimmen (der dritte Winkel ist dann automatisch gleich).

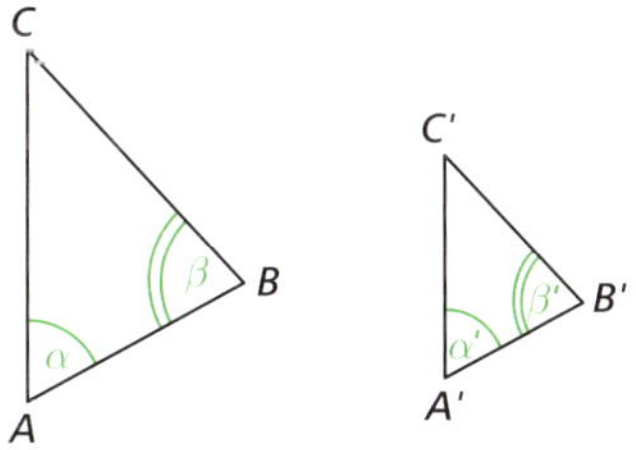

$\alpha = \alpha'; \beta = \beta'$

4. im Verhältnis zweier Seiten und dem Gegenwinkel der größeren Seite übereinstimmen.

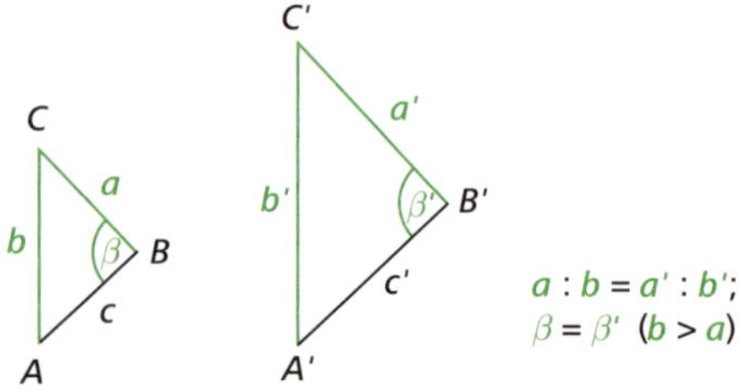

▶ **HINWEIS** Ähnliche Dreiecke können teilweise zur Deckung gebracht werden. Skizze:

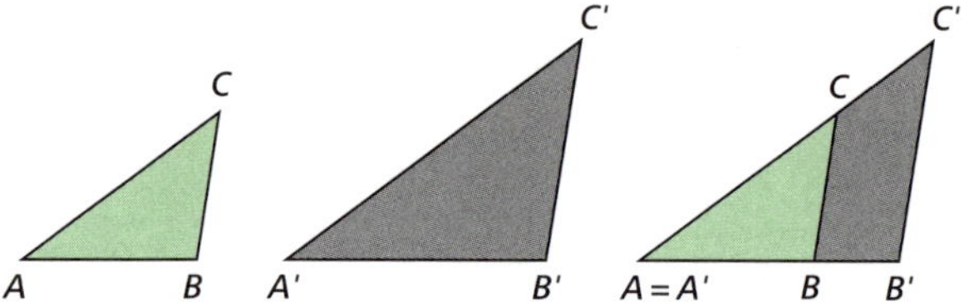

BEISPIEL Anhand der Schattenlänge eines Turmes soll dessen Höhe mithilfe einer 1 m hohen Stange bestimmt werden.

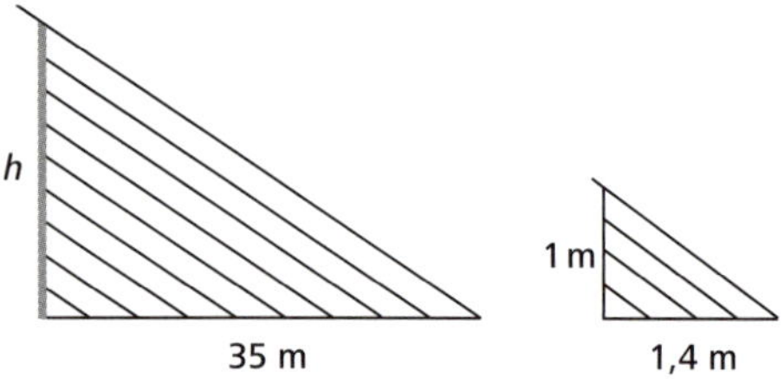

35 m verhalten sich zu 1,4 m wie h (in m) zu 1 m.

$\frac{35}{1{,}4} = \frac{h}{1} \Leftrightarrow 25 = h$ Die Höhe des Turmes beträgt 25 m.

5.3 Strahlensätze

1. Strahlensatz

Zwei Strahlen gehen von einem Punkt Z aus und werden von zwei Parallelen geschnitten.
Dann verhalten sich die **Abschnitte auf dem einen Strahl** wie die entsprechenden **Abschnitte auf dem anderen Strahl.**

$\frac{a}{b} = \frac{d}{c}$;

$\frac{a}{(a+b)} = \frac{c}{(c+d)}$

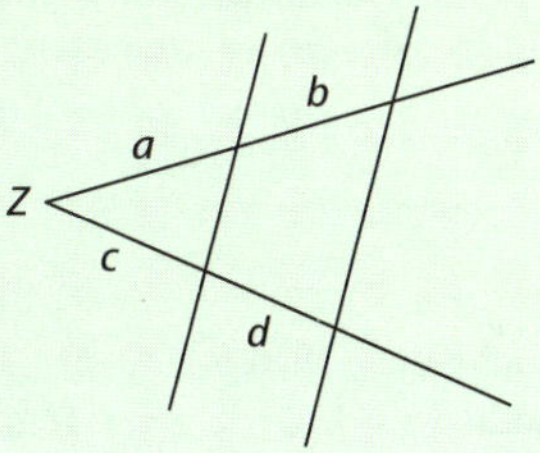

5

BEISPIEL Wir berechnen die fehlenden Größen in der Skizze, nämlich
$x = 2{,}7\,\text{cm}$, $y = 5{,}4\,\text{cm}$.

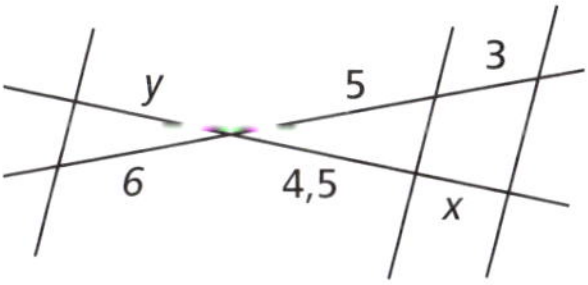

$$\frac{5}{3} = \frac{4{,}5}{x} \Leftrightarrow 5x = 4{,}5 \cdot 3 \Leftrightarrow x = \frac{4{,}5 \cdot 3}{5} = 2{,}7$$

$$\frac{5}{6} = \frac{4{,}5}{y} \Leftrightarrow 5y = 4{,}5 \cdot 6 \Leftrightarrow y = \frac{4{,}5 \cdot 6}{5} = 5{,}4$$

2. Strahlensatz
Zwei Strahlen gehen von einem Punkt Z aus und werden von zwei Parallelen geschnitten.
Dann verhalten sich die **Abschnitte auf den Parallelen** wie die jeweils von Z aus gemessenen **sich ergebenden Abschnitte auf jedem der beiden Strahlen.**

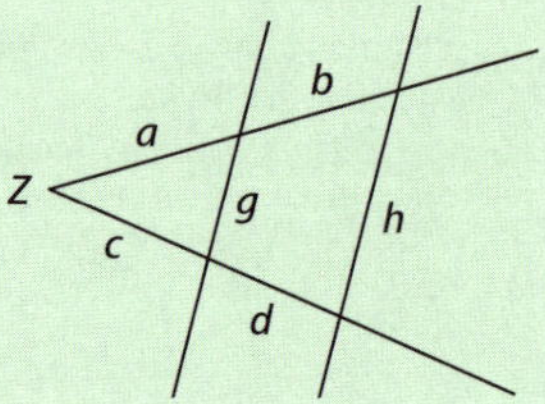

$\frac{g}{h} = \frac{a}{(a+b)}$; $\frac{g}{h} = \frac{c}{(c+d)}$

BEISPIEL Wir berechnen die fehlenden Größen in der Skizze, nämlich $x = 1{,}25\,\text{cm}$, $y = 1{,}2\,\text{cm}$.

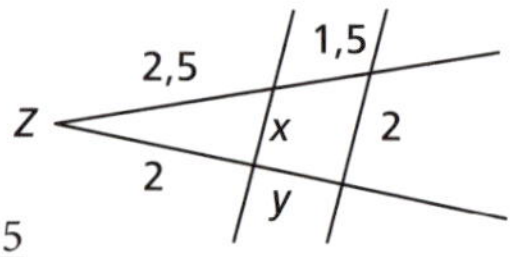

$\frac{2{,}5}{2{,}5 + 1{,}5} = \frac{x}{2} \Leftrightarrow \frac{2{,}5}{4} = \frac{x}{2} \Leftrightarrow x = \frac{5}{4}$

$x = 1{,}25$ (2. Strahlensatz)

$\frac{2{,}5}{1{,}5} = \frac{2}{y} \Leftrightarrow 2{,}5 \cdot y = 3 \Leftrightarrow y = 1{,}2$ (1. Strahlensatz)

▶ **ANWENDUNG** Mithilfe des ersten Stahlensatzes lässt sich eine ***Strecke*** in gleich große Teile ***zerlegen.***
Aufgabe: Teile – ohne zu rechnen – die Strecke $\overline{AB} = 4\,\text{cm}$ in 5 gleich große Teile.
Wir konstruieren einen Hilfsstrahl an A und tragen ein beliebiges Maß fünfmal ab. Den Endpunkt C verbinden wir mit B und ziehen Parallelen zu $\overline{BC}$ durch alle Teilpunkte zwischen A und C.

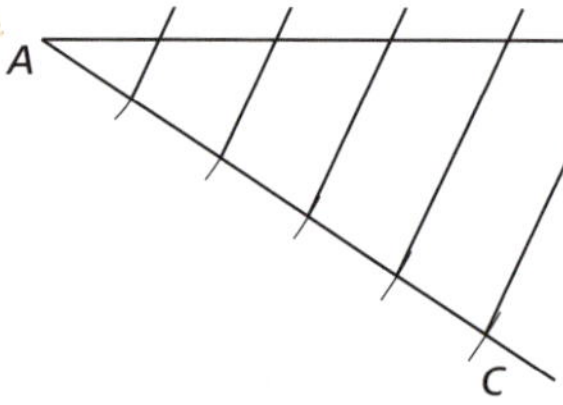

5.4 Besondere Arten von Dreiecken und Vierecken

Einteilung der Dreiecke nach Winkeln

Spitzwinkliges Dreieck:
3 spitze Winkel

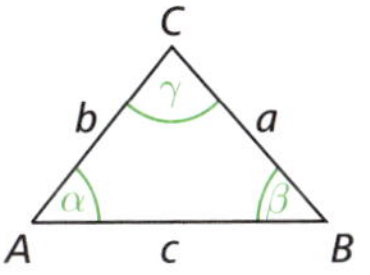

Rechtwinkliges Dreieck:
2 spitze und 1 rechter Winkel
Katheten: Schenkel des rechten Winkels
Hypotenuse: Seite gegenüber des rechten Winkels

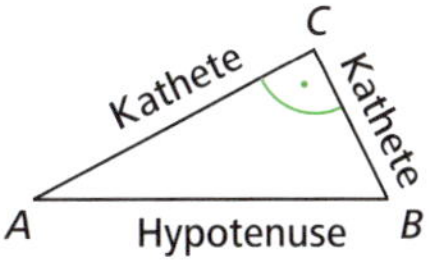

Stumpfwinkliges Dreieck:
2 spitze und 1 stumpfer Winkel

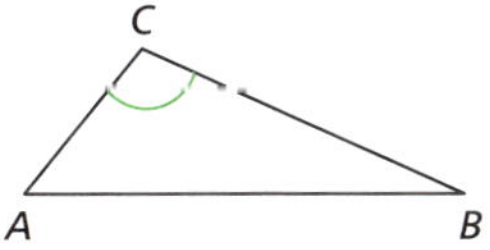

Einteilung der Dreiecke nach Seiten

Gleichschenkliges Dreieck:
2 Seiten sind gleich lang, diese heißen Schenkel. Die 3. Seite heißt Basis.

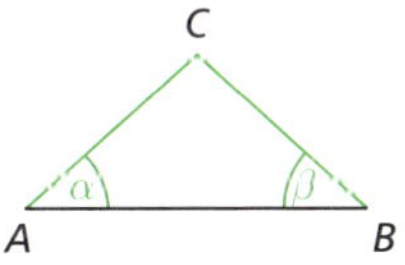

$a = b$;
$\alpha = \beta$

Gleichseitiges Dreieck:
3 Seiten sind gleich lang, die Winkel betragen je 60°.

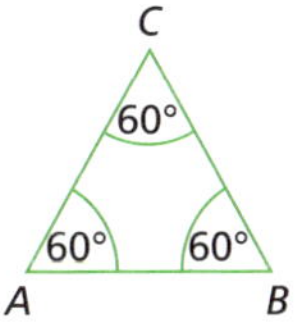

5

Einteilung der Vierecke

konvexe Vierecke
(Diagonalen *e* und *f* schneiden sich)

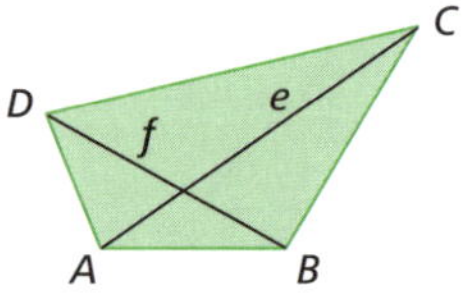

konkave Vierecke
(Diagonalen *e* und *f* schneiden sich nicht)

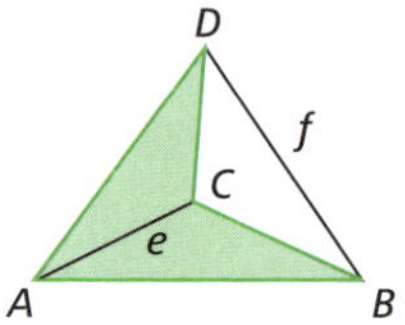

Symmetrische Vierecke (*Diagonalen e, f*)

Quadrat (4 Achsen):
Die Diagonalen stehen senkrecht aufeinander, sind gleich lang und halbieren einander.
Alle Innenwinkel sind gleich groß (90°). Alle Seiten sind gleich lang.

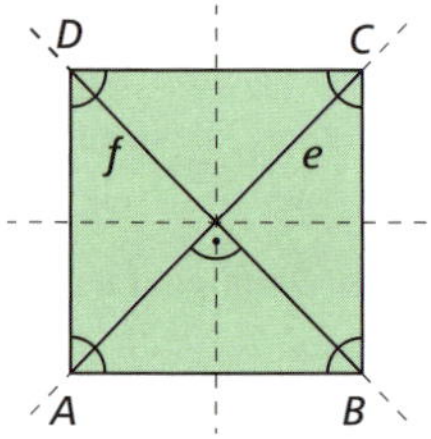

Rechteck (2 Achsen):
Die Diagonalen sind gleich lang und halbieren einander.
Alle Innenwinkel sind gleich groß (90°).
Gegenseiten sind parallel und gleich lang.

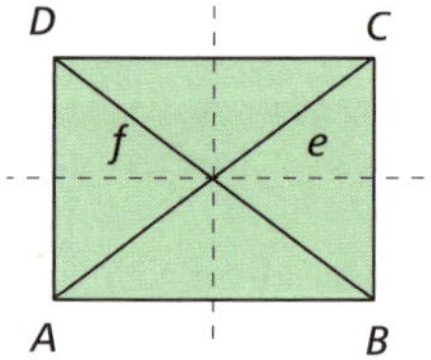

Raute (2 Achsen):
Die Diagonalen stehen senkrecht aufeinander und halbieren einander.
Gegenüberliegende Winkel sind gleich groß.
Alle Seiten sind gleich lang.
Gegenseiten sind parallel.

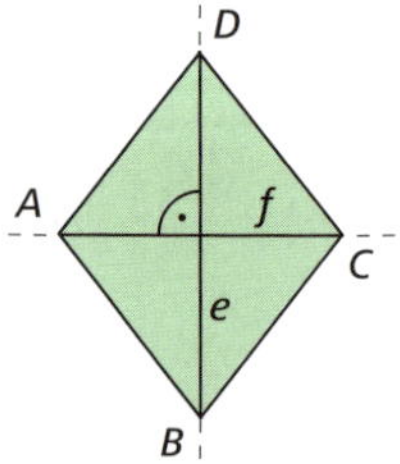

Parallelogramm (punktsymmetrisch zu S):
Die Diagonalen halbieren einander.
Gegenüberliegende Winkel sind gleich groß.
Gegenseiten sind parallel und gleich lang.

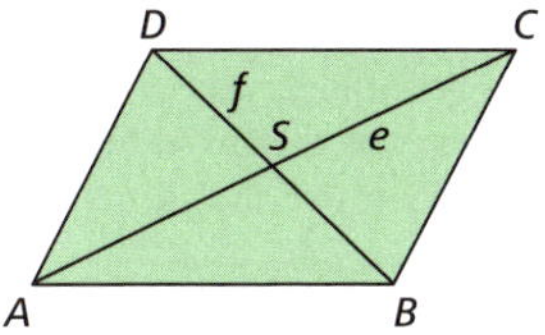

$\overline{AB} \parallel \overline{DC}$
$\overline{AD} \parallel \overline{BC}$

Drachenviereck (1 Achse):
Die Diagonalen stehen senkrecht aufeinander.
Mindestens zwei gegenüberliegende Winkel sind gleich groß.

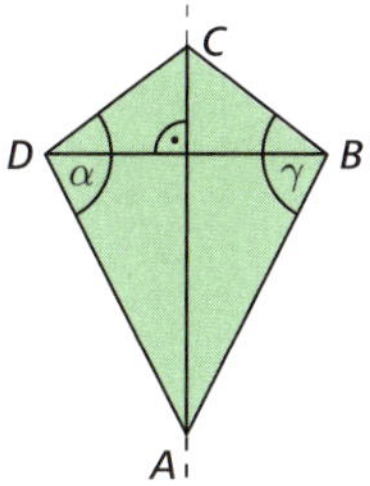

$\alpha = \gamma$

Trapez:
Ein Paar Gegenseiten ist parallel.

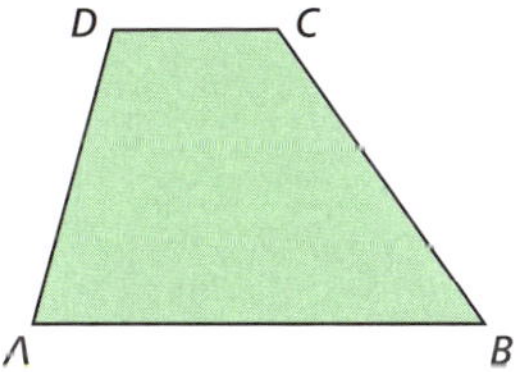

$\overline{AB} \parallel \overline{DC}$

5.5 Besondere Linien und Punkte im Dreieck

Die drei ***Mittelsenkrechten*** schneiden sich im Mittelpunkt des Umkreises.
(Mittelsenkrechten stehen senkrecht auf dem Mittelpunkt einer Seite.)

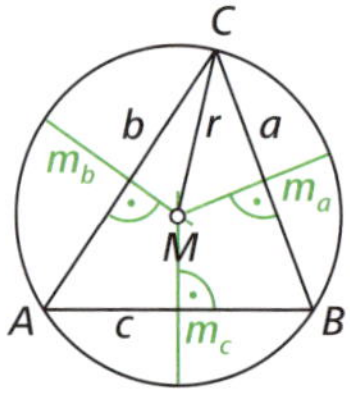

Die drei ***Winkelhalbierenden*** schneiden sich im Mittelpunkt des Inkreises.

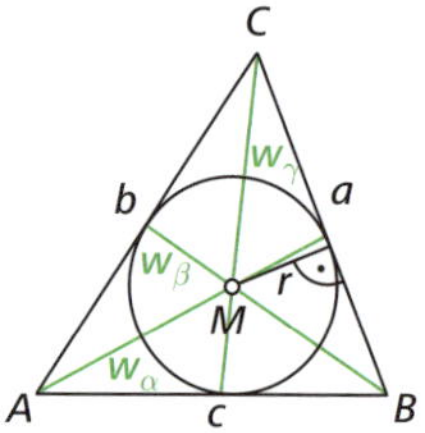

Die drei ***Höhen*** schneiden sich im Höhenschnittpunkt.
(Höhen stehen senkrecht auf einer Seite und verlaufen durch die gegenüberliegende Ecke.)

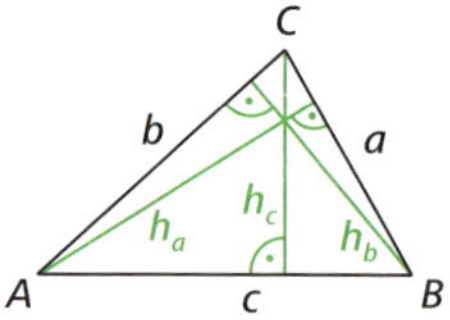

Die drei ***Seitenhalbierenden*** schneiden sich im ***Schwerpunkt*** des Dreiecks.
Der Schwerpunkt *S* teilt die Seitenhalbierenden im Verhältnis 2 : 1.
(Seitenhalbierende verlaufen vom Mittelpunkt einer Seite durch die gegenüberliegende Ecke.)

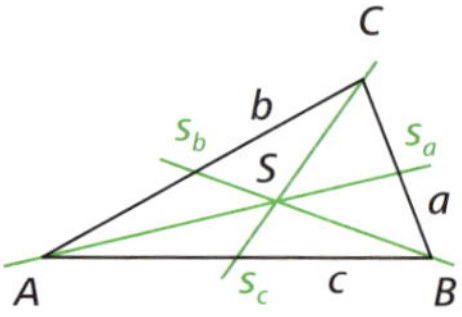

5.6 Sätze am rechtwinkligen Dreieck

Satz des PYTHAGORAS
Im rechtwinkligen Dreieck ist das Quadrat über der Hypotenuse gleich der Summe der Kathetenquadrate.
$a^2 + b^2 = c^2$

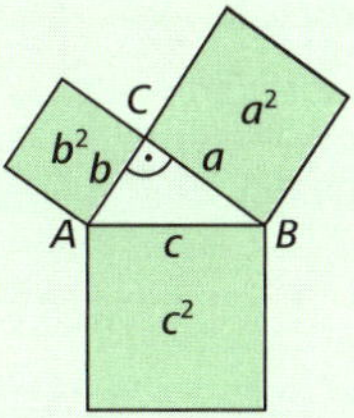

Kathetensätze
Im rechtwinkligen Dreieck ist das Quadrat über einer Kathete gleich dem Produkt aus Hypotenuse und dem anliegenden Abschnitt.
$a^2 = q \cdot c;\quad b^2 = p \cdot c$
mit $p + q = c$

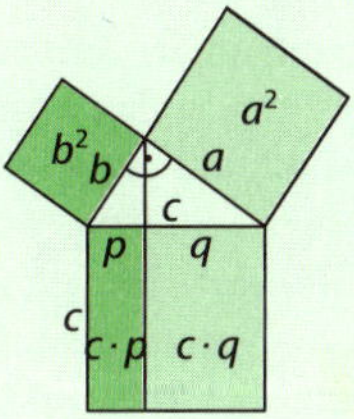

Höhensatz
Das Quadrat über der Höhe ist gleich dem Rechteck aus den zwei Abschnitten, die die Höhe auf der Hypotenuse bildet.
$h^2 = p \cdot q$

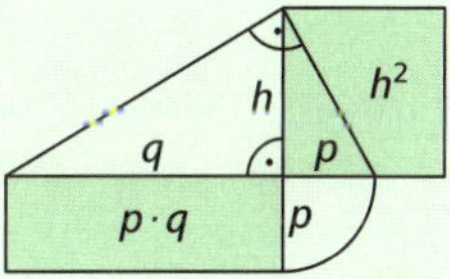

BEISPIELE

- Bestimme die Länge der Diagonalen d eines Quadrates mit der Seitenlänge 3 cm.
  Für d gilt: $3^2 + 3^2 = d^2$
  (Satz des PYTHAGORAS)
  $2 \cdot 3^2 = d^2$
  Also: $d = 3 \cdot \sqrt{2} \approx 4{,}24\,\text{cm}$

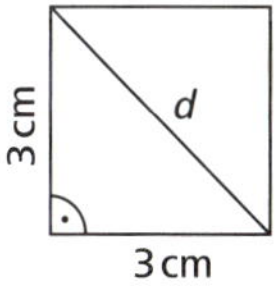

- Bestimme – wenn möglich – die Hypotenusenabschnitte p und q des Dreiecks mithilfe der Kathetensätze:
  Gegeben: $a = 5\,\text{cm}$; $b = 12\,\text{cm}$; $c = 13\,\text{cm}$
  Es gilt: $5^2 + 12^2 = 25 + 144 = 169 = 13^2$, somit ist das Dreieck rechtwinklig.
  Weiter gilt: $5^2 = p \cdot 13 \Leftrightarrow 25 = p \cdot 13 \Leftrightarrow p = \frac{25}{13}$

  $$12^2 = q \cdot 13 \Leftrightarrow 144 = q \cdot 13 \Leftrightarrow q = \frac{144}{13};$$

  Probe: $\frac{25}{13} + \frac{144}{13} = \frac{169}{13} = 13 = c$

- Konstruiere aus einem Quadrat mit der Kantenlänge 3 cm ein flächengleiches Rechteck mit der Kantenlänge 2 cm. Verwende den Höhensatz. (Die Zahlen 1 bis 5 geben die Reihenfolge der Konstruktionsschritte an.)

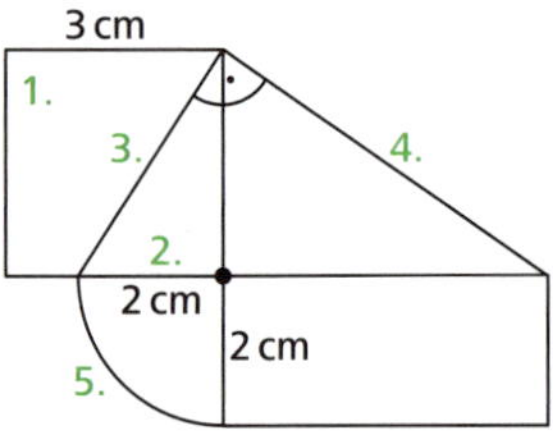

5.7 Berechnungen an ebenen geometrischen Figuren

Größen, die benutzt werden: ***Flächeninhalt*** A, ***Umfang*** u, Höhe h, Grundseite g, Diagonalen e und f, Radius r, Durchmesser d

Berechnungen an Dreiecken

Allgemeines Dreieck

$$A = \frac{g \cdot h}{2}$$

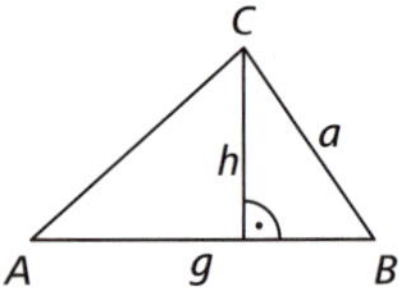

Rechtwinkliges Dreieck

$A = \frac{a \cdot b}{2}$

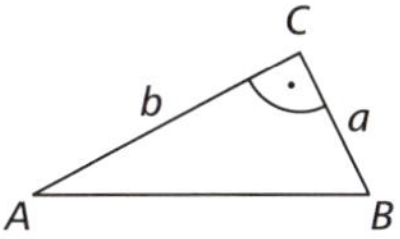

Gleichschenklig-rechtwinkliges Dreieck

$A = \frac{1}{2} \cdot a^2$

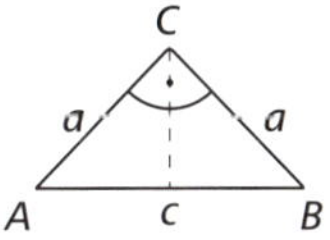

Gleichseitiges Dreieck

$h = \frac{a}{2}\sqrt{3}$

$A = \frac{a^2}{4}\sqrt{3}$

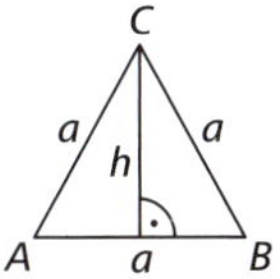

5

BEISPIELE

- Berechne die Fläche eines rechtwinkligen Dreiecks mit $c = 5\,\text{cm}$, $b = 4\,\text{cm}$ und $\gamma = 90°$. Da die gegebenen Seiten nicht senkrecht aufeinander stehen, berechnen wir a mithilfe des Satzes von PYTHAGORAS.
  $5^2 = 4^2 + a^2 \;\Leftrightarrow\; a^2 = 25 - 16 = 9$
  $a = 3\,\text{cm}$; $a \perp \text{b}$
  Also gilt: Flächeninhalt $A = \frac{1}{2} \cdot 3 \cdot 4 = 6$
  Der Flächeninhalt beträgt $6\,\text{cm}^2$.
- Berechne die Fläche eines gleichseitigen Dreiecks mit Höhe $h = 5\,\text{cm}$.
  Es gilt: $5 = \frac{a}{2}\sqrt{3} \;\Leftrightarrow\; a = 10 : \sqrt{3}$
  Flächeninhalt $A = \frac{100 : 3}{4}\sqrt{3} = \frac{100\sqrt{3}}{12} \approx 14{,}43\,\text{cm}^2$

Berechnungen an Vierecken

Für die Flächenberechnung bedeutsam sind die symmetrischen Vierecke.

Quadrat

$$u = 4a$$
$$A = a^2$$
$$e = a \cdot \sqrt{2}$$

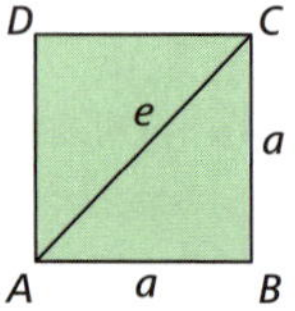

Rechteck

$$u = 2(a + b)$$
$$A = a \cdot b$$
$$e = \sqrt{a^2 + b^2}$$

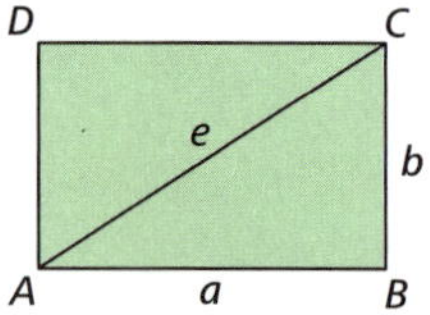

Raute

$$u = 4a$$
$$A = \frac{e \cdot f}{2}$$

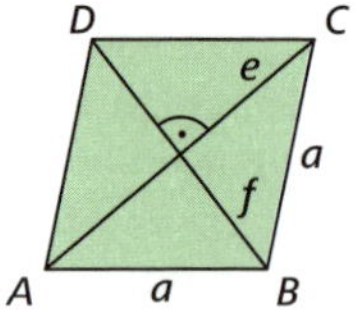

Parallelogramm

$$u = 2 \cdot (a + b)$$
$$A = a \cdot h_a$$
$$A = b \cdot h_b$$

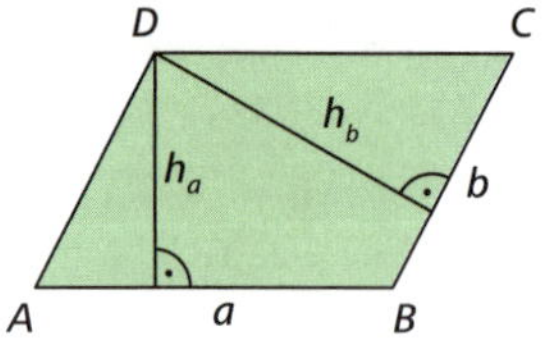

Trapez

$$u = a + b + c + d$$
$$m = \frac{a + c}{2}$$
$$A = m \cdot h$$
$$A = \frac{a + c}{2} \cdot h$$

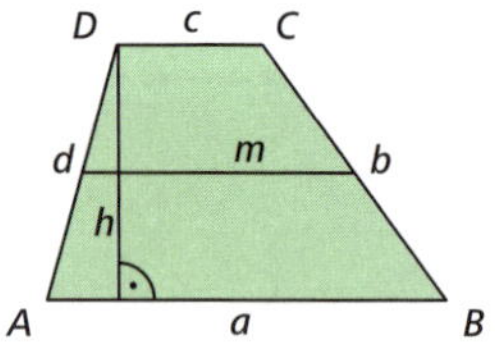

Drachen $u = 2 \cdot (a + b)$

$A = \frac{e \cdot f}{2}$

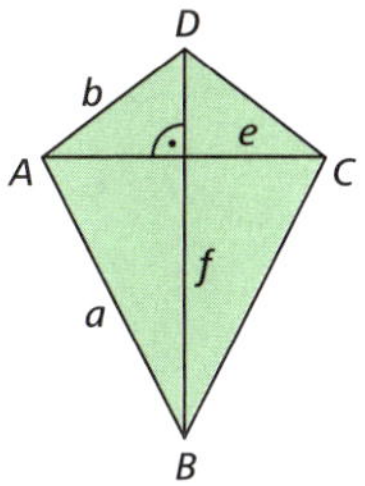

BEISPIELE

- Berechne Umfang und Flächeninhalt bei einem Quadrat mit Diagonalenlänge 6 cm.
  Es gilt: $(6\,\text{cm})^2 = 2a^2 \;\Leftrightarrow\; 36\,\text{cm}^2 = 2a^2 \;\Leftrightarrow\; 18\,\text{cm}^2 = a^2$
  $\Rightarrow\; a = \sqrt{18}\,\text{cm}$
  Also: $u = 4 \cdot \sqrt{18}\,\text{cm} \approx 16{,}97\,\text{cm}$ und
  $A = \sqrt{18}\,\text{cm} \cdot \sqrt{18}\,\text{cm} = 18\,\text{cm}^2$

- Der Umfang eines rechteckigen Grundstücks beträgt 86 m, die Breite 15 m. Berechne die Fläche.
  Es gilt: $2\,(15\,\text{m} + b) = 86\,\text{m} = u$
  $30\,\text{m} + 2b = 86\,\text{m} \;\Leftrightarrow\; b = 28\,\text{m}$
  $A = 15 \cdot 28\,\text{m}^2 = 420\,\text{m}^2$
- Die Diagonalen einer Raute haben die Längen $e = 6\,\text{cm}$ und $f = 8\,\text{cm}$. Berechne Flächeninhalt und Umfang.
  $A = \frac{1}{2} \cdot 8 \cdot 6\,\text{cm}^2 = 24\,\text{cm}^2$
  a berechnen:
  $(3\,\text{cm})^2 + (4\,\text{cm})^2 = a^2$
  $\Leftrightarrow\; 25\,\text{cm}^2 = a^2$
  $\Rightarrow\; a = 5\,\text{cm}$
  Somit: $u = 4 \cdot 5\,\text{cm} = 20\,\text{cm}$

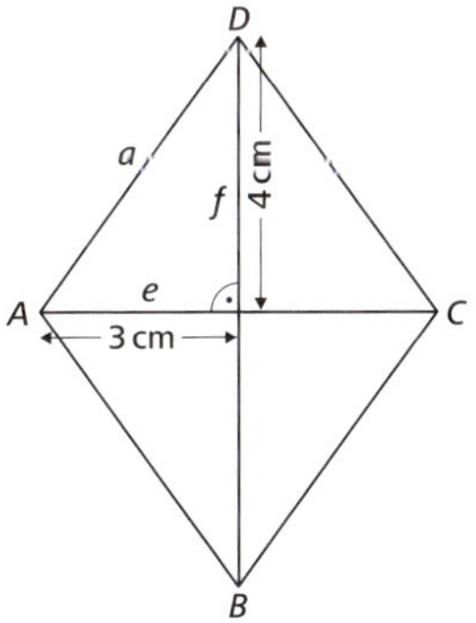

- Berechne Umfang und Fläche des gegebenen Parallelogramms.

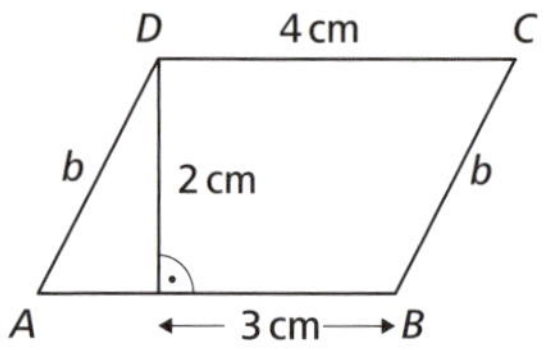

$A = 2 \cdot 4\,\text{cm}^2 = 8\,\text{cm}^2$
b berechnen: $1^2 + 2^2 = b^2$
$\Rightarrow\ b = \sqrt{5}\,\text{cm}$
$u = 2(4 + \sqrt{5})\,\text{cm} \approx 12{,}47\,\text{cm}$

- Berechne die fehlenden Größen im gleichseitigen Trapez mit $a = 7\,\text{cm};\ c = 5\,\text{cm};\ h = 3{,}5\,\text{cm}$.

Dann ist: $A = \dfrac{7\,\text{cm} + 5\,\text{cm}}{2} \cdot 3{,}5\,\text{cm} = 21\,\text{cm}^2$

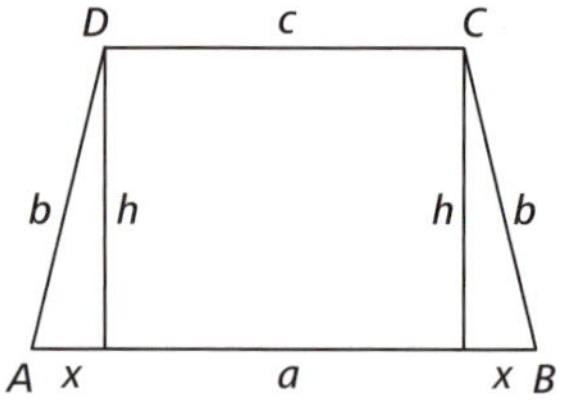

Berechnen von x:

$x = \dfrac{a - c}{2} = \dfrac{7 - 5}{2}\,\text{cm} = 1\,\text{cm}$

Berechnen von b:
$(1\,\text{cm})^2 + (3{,}5\,\text{cm})^2 = b^2$
$\Rightarrow\ b \approx 3{,}64\,\text{cm}$
Also: $u = 7\,\text{cm} + 5\,\text{cm} + 2 \cdot 3{,}64\,\text{cm} = 19{,}28\,\text{cm}$

- In einem Drachen gelte $a = 5\,\text{cm};\ b = 4\,\text{cm};\ e = 6\,\text{cm}$. Berechne Umfang und Flächeninhalt.

$u = 2 \cdot 5\,\text{cm} + 2 \cdot 4\,\text{cm} = 18\,\text{cm}$
Berechnen von x:
$x^2 + (3\,\text{cm})^2 = (4\,\text{cm})^2 \Rightarrow\ x = \sqrt{16 - 9}\,\text{cm} = \sqrt{7}\,\text{cm} \approx 2{,}65\,\text{cm}$
Berechnen von y:
$y^2 + (3\,\text{cm})^2 = (5\,\text{cm})^2$
$\Rightarrow\ y = \sqrt{25 - 9}\,\text{cm} = 4\,\text{cm}$
Länge von f:
$f = x + y = 4\,\text{cm} + \sqrt{7}\,\text{cm}$
$\Rightarrow\ f \approx 6{,}65\,\text{cm}$

$A = \dfrac{6(4 + \sqrt{7})}{2}\,\text{cm}^2$

$= 3(4 + \sqrt{7})\,\text{cm}^2 \approx 19{,}94\,\text{cm}^2$

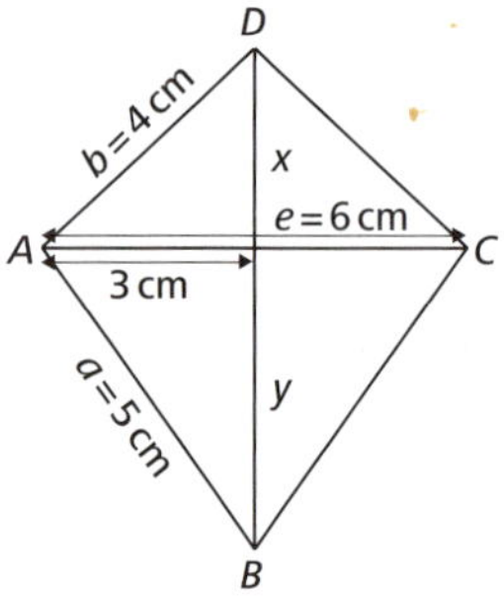

Berechnungen an Vielecken

Allgemein: Man zerlegt Vielecke in bekannte Flächen (am sinnvollsten in Dreiecke und Trapeze) und berechnet die Summe der Teilflächen.

BEISPIELE

- Wir unterteilen in Dreiecke und Trapeze und berechnen den Flächeninhalt der Teilflächen und addieren: $A = A_1 + A_2 + A_3$.

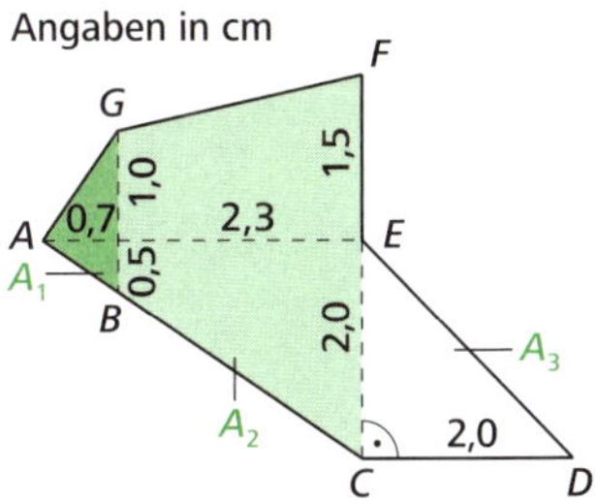

$A_1 = \frac{1}{2} \cdot 1{,}5\,\text{cm} \cdot 0{,}7\,\text{cm} = 0{,}525\,\text{cm}^2$ (Dreieck)

$A_2 = \frac{1}{2}((0{,}5\,\text{cm} + 1\,\text{cm}) + (2\,\text{cm} + 1{,}5\,\text{cm})) \cdot 2{,}3\,\text{cm}$

$= \frac{1}{2}(1{,}5\,\text{cm} + 3{,}5\,\text{cm}) \cdot 2{,}3\,\text{cm} = \frac{1}{2} \cdot 5\,\text{cm} \cdot 2{,}3\,\text{cm}$

$= 5{,}75\,\text{cm}^2$ (Trapez)

$A_3 = \frac{1}{2} \cdot 2\,\text{cm} \cdot 2\,\text{cm} = 2\,\text{cm}^2$ (rechtw. Dreieck)

$A = 0{,}525\,\text{cm}^2 + 5{,}75\,\text{cm}^2 + 2\,\text{cm}^2 = 8{,}275\,\text{cm}^2$

- ***Regelmäßiges Sechseck:***
  Man findet 6 gleichseitige Dreiecke
  $u = 6a$
  $A = 6 \cdot \frac{a^2}{4}\sqrt{3} = \frac{3}{2}a^2\sqrt{3}$

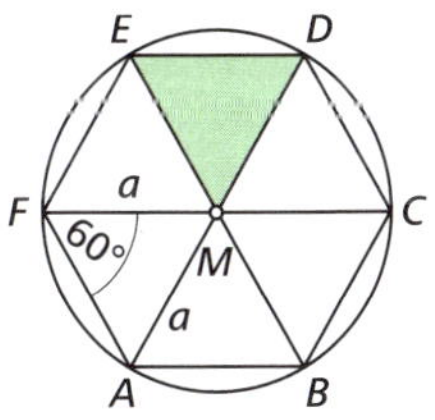

Die Länge der Diagonalen eines regelmäßigen Sechsecks beträgt 6 cm. Berechne den Flächeninhalt.

Länge der Seite a: $a = \frac{d}{2}$

$$A = 6 \cdot \frac{(3\,\text{cm})^2}{4} \cdot \sqrt{3} = \frac{3}{2} \cdot 3^2 \cdot \sqrt{3}\,\text{cm}^2 \approx 23{,}38\,\text{cm}^2$$

Berechnungen an Kreisen

Kreis

$u = 2\pi r = \pi d$

$A = \pi r^2 = \frac{\pi}{4} d^2$

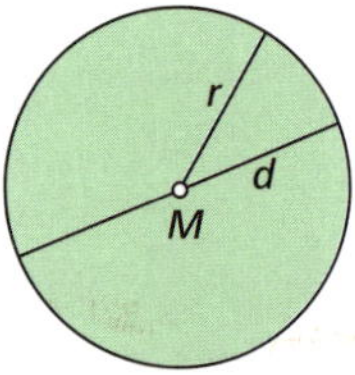

Kreisring

$u = 2\pi\,(r_1 + r_2)$

$A = \pi\,(r_1^{\,2} - r_2^{\,2})$

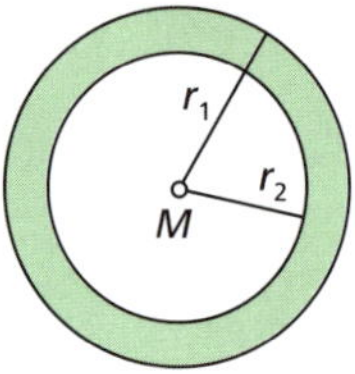

Kreisausschnitt

$A = \frac{b \cdot r}{2}$

$A = \pi r^2 \cdot \frac{\alpha}{360°}$

Kreisbogen

$b = 2\pi r \cdot \frac{\alpha}{360°}$

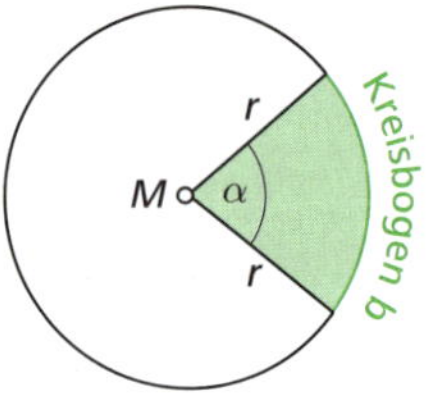

BEISPIELE

- Mit einem 2 mm starken Kohlestift wird ein Kreis mit innerem Radius 8 cm gezeichnet. Wie groß ist die beschriebene Fläche?
  $F = \pi\,(8{,}2^2 - 8^2)\,\text{cm}^2 = \pi\,(67{,}24 - 64)\,\text{cm}^2 = \pi \cdot 3{,}24\,\text{cm}^2$
  $\approx 10{,}18\,\text{cm}^2$

- Berechne den Inhalt der schraffierten Fläche F.
  Flächeninhalt eines weißen Flächenstücks A:

$$A = (3\,\text{cm})^2 - \pi \cdot (3\,\text{cm})^2 \cdot \frac{90°}{360°}$$

$$= 9\,\text{cm}^2 - \pi \cdot \frac{9}{4}\,\text{cm}^2 \approx 1{,}93\,\text{cm}^2$$

$$F \approx 9\,\text{cm}^2 - 2 \cdot 1{,}93\,\text{cm}^2 = 5{,}137\,\text{cm}^2$$

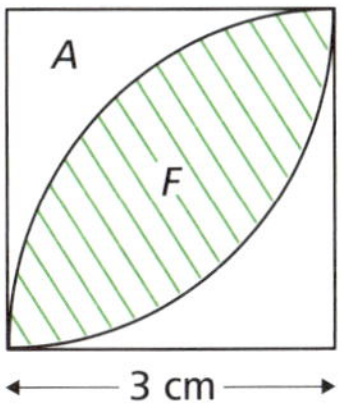

5.8 Berechnungen an räumlichen geometrischen Figuren (Körpern)

5

Größen, die benutzt werden: ***Volumen*** V, ***Grundfläche*** G, ***Oberfläche*** O, ***Mantelfläche*** M, Raumdiagonale e, Höhe h

Würfel $O = 6a^2$
$V = a^3$
$e = a \cdot \sqrt{3}$

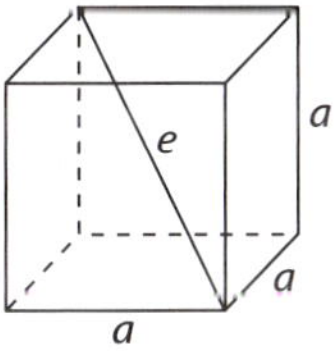

Quader $O = 2(ab + ac + bc)$
$V = a \cdot b \cdot c$
$e = \sqrt{a^2 + b^2 + c^2}$

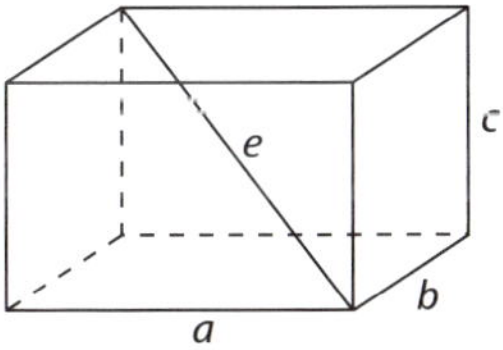

Prisma

$O = 2 \cdot G + M$

$V = G \cdot h$

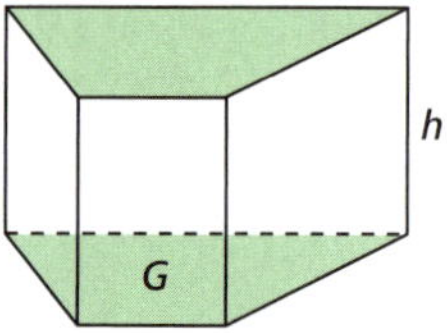

Pyramide (allgemein)

$O = G + M$

$V = \frac{1}{3} \cdot G \cdot h$

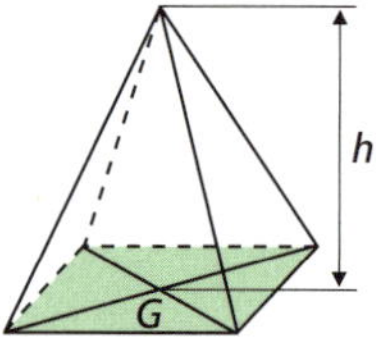

Dreiseitige Pyramide

$O = \frac{a^2}{4} \cdot \sqrt{3} + \frac{3}{2} a \cdot h_s$

(Grundfläche: gleichseitiges Dreieck)

$V = \frac{a^2 \cdot h}{12} \cdot \sqrt{3}$

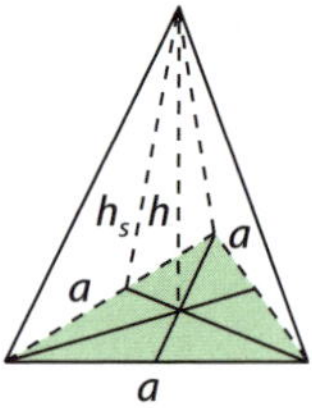

Tetraeder

$O = a^2 \cdot \sqrt{3}$

(vier gleich große Flächen)

$V = \frac{a^3}{12} \cdot \sqrt{2}$

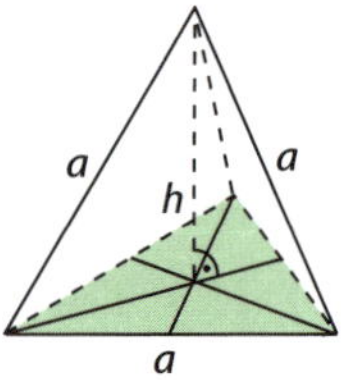

Zylinder

$O = 2\pi r \cdot (r + h)$

$V = G \cdot h = \pi r^2 \cdot h$

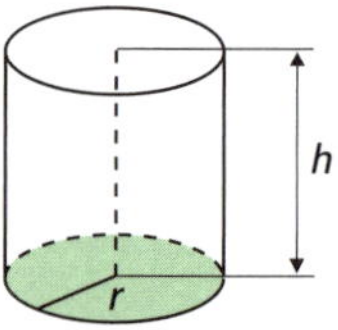

Kegel

$O = \pi r\,(r + s)$

$V = \frac{\pi}{3} r^2 \cdot h$

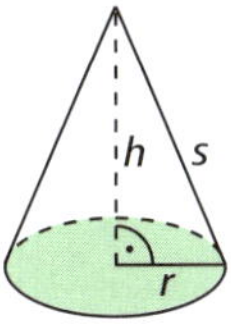

Kugel

$O = 4\pi r^2 = \pi d^2$

$V = \frac{4}{3}\pi r^3 = \frac{1}{6}\pi d^3$

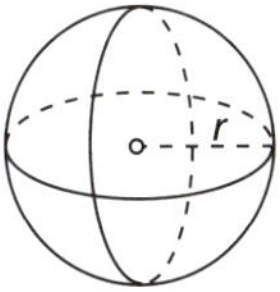

Pyramidenstumpf

$O = G_1 + G_2 + M$

$V = \frac{h}{3} \cdot \left(G_1 + \sqrt{G_1 \cdot G_2} + G_2\right)$

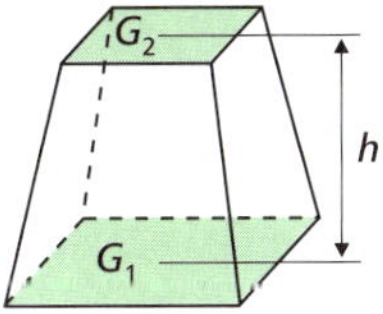

5

Kegelstumpf

$O = \pi \cdot [r_1^{\,2} + r_2^{\,2} + s \cdot (r_1 + r_2)]$

$V = \frac{\pi}{3} \cdot h \cdot (r_1^{\,2} + r_1 \cdot r_2 + r_2^{\,2})$

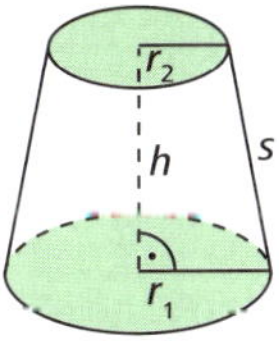

BEISPIELE

- Aus einem Würfel mit Kantenlänge $a = 10\,\text{cm}$ wird ein pyramidenförmiger Keil herausgestanzt. Berechne das Volumen des Restkörpers.

  $V = (10\,\text{cm})^3 - \frac{1}{3} \cdot (10\,\text{cm})^2 \cdot 10\,\text{cm}$

  $= \frac{2}{3} \cdot 10^3\,\text{cm}^3 \approx 666{,}67\,\text{cm}^3$

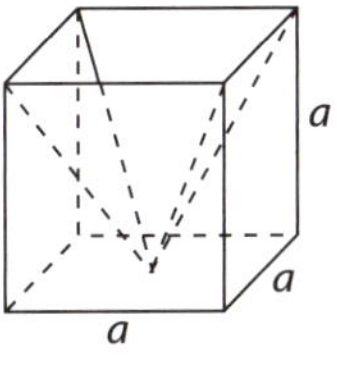

- Aus einem Zylinder mit Radius r und Höhe r wird ein Kegel herausgeschnitten, dessen Spitze sich im Mittelpunkt der Zylindergrundfläche befindet und dessen Grundfläche mit der Deckfläche des Zylinders übereinstimmt. Wie groß ist das Volumen V_R des Restkörpers?
  $V_Z = r^2\pi \cdot r = r^3\pi$
  $$V_K = \frac{r^2\pi \cdot r}{3} = \frac{r^3\pi}{3}$$
  $$V_R = V_Z - V_K = r^3\pi - \frac{r^3\pi}{3} = \frac{2}{3}r^3\pi$$
- Wie groß ist das Volumen des Kegelstumpfes aus vorherigem Beispiel mit der Höhe $\frac{1}{2}r$?

  Radius der Deckfläche ist $\frac{1}{2}r$, somit gilt:
  $$V = \frac{\pi}{3} \cdot \frac{1}{2}r \cdot \left(r^2 + r \cdot \frac{1}{2}r + \frac{1}{2}r^2\right) = \frac{\pi}{3} \cdot \frac{1}{2}r \cdot (2r^2)$$
  $$V = \frac{\pi}{3}r^3$$
- *Satz des* ARCHIMEDES
  Zeige: Die Volumina von Kegel, Halbkugel und Zylinder mit jeweils gleicher Höhe und gleicher Grundfläche verhalten sich wie folgt:
  $$V_{\text{Kegel}} : V_{\text{Halbkugel}} : V_{\text{Zylinder}} = 1 : 2 : 3$$
  Es gilt: $h = r$.
  Also: $\frac{r^2\pi \cdot r}{3} : \frac{2r^3\pi}{3} : \frac{r^2\pi \cdot r}{1} = \frac{1}{3} : \frac{2}{3} : \frac{3}{3} = 1 : 2 : 3$

Teste dein Wissen!

Kapitel „Geometrie“	O. K. ✔	Das muss ich noch mal lesen
Ich kann Beziehungen zwischen besonderen Winkeln an Geraden erläutern.		S. 82, 83
Ich kenne die Bedeutung des *Satzes des* Thales und kann ihn erklären.		S. 85
Ich kann die *Kongruenzsätze* und *Ähnlichkeitssätze* für Dreiecke erläutern.		S. 86–90
Ich kann die beiden *Strahlensätze* erklären und anwenden.		S. 91, 92
Ich kann besondere Arten von Dreiecken und Vierecken angeben.		S. 93–95
Ich kann besondere Linien im Dreieck und deren Schnittpunkte ermitteln.		S. 96
Ich kann den *Satz des* Pythagoras und verwandte Sätze erklären und anwenden.		S. 97, 98
Ich kann Umfang und Flächeninhalt bei Rechteck, Parallelogramm, Dreieck und Trapez bestimmen und entsprechende Berechnungen an Vielecken durchführen.		S. 98–101, 103
Ich kann Größen am Kreis berechnen.		S. 104
Ich kann wichtige Körper benennen und ihre Volumina und Oberflächeninhalte bestimmen.		S. 105–107

6 Trigonometrie

6.1 Winkelfunktionen zur Berechnung im rechtwinkligen Dreieck

Sinus, Kosinus, Tangens, Kotangens

In **rechtwinkligen Dreiecken** sind die Seitenverhältnisse nur von den Winkeln abhängig. Die Größe eines Winkels im rechtwinkligen Dreieck lässt sich daher durch Angabe eines Seitenverhältnisses *(Winkelfunktion)* festlegen.
Von den sechs Seitenverhältnissen ($a : c$; $b : c$; $a : b$; $b : a$; $c : b$; $c : a$) werden nur die ersten vier Verhältnisse betrachtet:

$$\sin\alpha = \frac{a}{c} = \frac{\text{Gegenkathete von } \alpha}{\text{Hypotenuse von } \alpha} = \cos\beta$$

$$\cos\alpha = \frac{b}{c} = \frac{\text{Ankathete von } \alpha}{\text{Hypotenuse von } \alpha} = \sin\beta$$

$$\tan\alpha = \frac{a}{b} = \frac{\text{Gegenkathete von } \alpha}{\text{Ankathete von } \alpha} = \cot\beta$$

$$\cot\alpha = \frac{b}{a} = \frac{\text{Ankathete von } \alpha}{\text{Gegenkathete von } \alpha} = \tan\beta$$

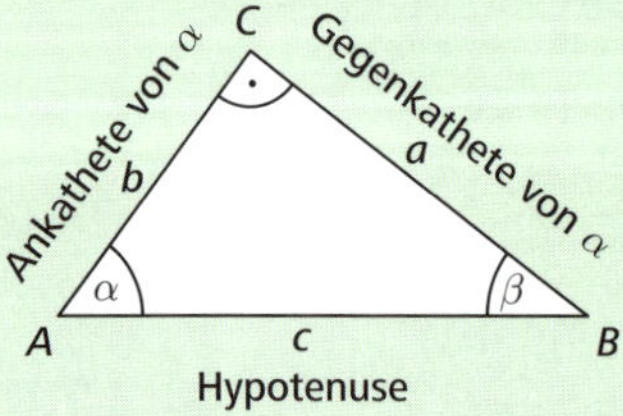

(sin = Sinus;
cos = Kosinus;
tan = Tangens;
cot = Kotangens)

BEISPIELE

- Berechnung der Zahlenwerte der Winkelfunktionen (Seitenverhältnisse) für die Winkel 30° und 60°:
  Wir unterteilen das gleichseitige Dreieck in zwei rechtwinklige Dreiecke.

  PYTHAGORAS: $h = \sqrt{a^2 - \left(\frac{a}{2}\right)^2} = \frac{a}{2}\sqrt{3}$

  $\sin 60° = \frac{h}{a} = \frac{\frac{a}{2}\sqrt{3}}{a} = \frac{1}{2}\sqrt{3} = \cos 30°$

  $\cos 60° = \frac{\frac{a}{2}}{a} = \frac{1}{2} = \sin 30°$

  $\tan 60° = \frac{\frac{a}{2}\sqrt{3}}{\frac{a}{2}} = \sqrt{3} = \cot 30°$

  $\cot 60° = \frac{1}{3}\sqrt{3} = \tan 30°$

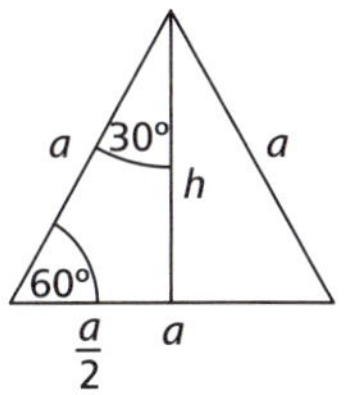

6

- Berechnung der Zahlenwerte der Winkelfunktionen (Seitenverhältnisse) für den Winkel 45°:

  PYTHAGORAS: $c = \sqrt{a^2 + a^2} = a\sqrt{2}$

  $\sin 45° = \frac{a}{c} = \frac{a}{a\sqrt{2}} = \frac{1}{2}\sqrt{2} = \cos 45°$

  $\tan 45° = \frac{a}{a} = 1 = \cot 45°$

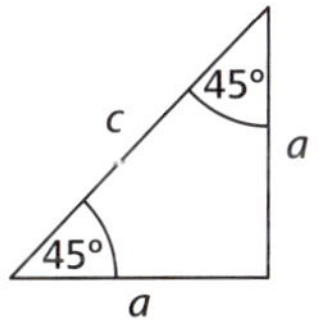

- Gegeben: rechtwinkliges Dreieck mit Hypotenuse $c = 8$ cm und $\beta = 60°$.
  Gesucht: Länge der Seite b.

  Es gilt: $\sin \beta = \frac{\text{Gegenkathete}}{\text{Hypotenuse}}$

  $\sin 60° = \frac{b}{8}$

  $b = 8 \cdot \sin 60° \approx 8 \cdot 0{,}866 \approx 6{,}93$

  Die Länge der Seite b beträgt ungefähr 6,93 cm.

6.2 Winkelmaße

Gradmaß – Altgrad

Ein Kreisbogen wird in 360 gleiche Teile unterteilt. Verbindet man zwei Punkte auf dem Kreisbogen mit dem Mittelpunkt, so entsteht ein Winkel.

Weitere Unterteilung:

1 Grad = 60 Minuten

$1° = 60'$

1 Minute = 60 Sekunden

$1' = 60''$

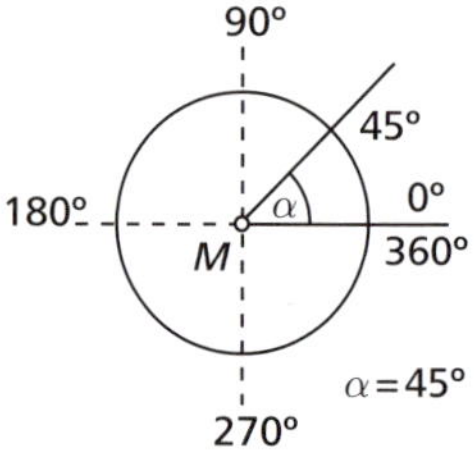

BEISPIELE

- $45{,}5° = 45°\ 30'$
- Gib in Dezimalzahlen an: 76° 25'.

$25' = \left(\frac{25}{60}\right)^{\circ} \approx 0{,}4167°$, d. h. $76°\ 25' \approx 76{,}4167°$

Gradmaß – Neugrad

Bei diesem Winkelmaß wird der Kreisbogen in 400 gleiche Teile unterteilt.

1 Neugrad = 100 Neuminuten

$1^{g} = 100^{c}$

1 Neuminute = 100 Neusekunden

$1^{c} = 100^{cc}$

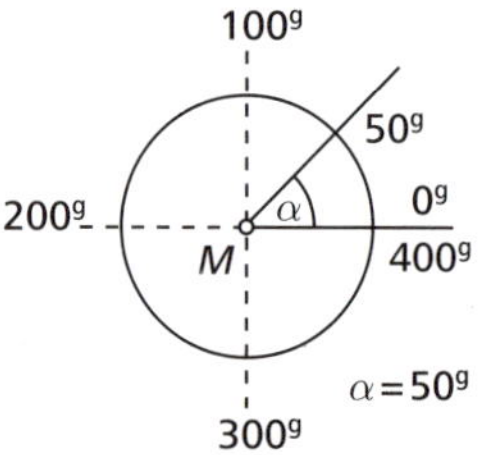

BEISPIELE $100^{g} = 90°$

$86^{g} = x$. Gesucht ist das Gradmaß in Altgrad:

$100^{g} : 90° = 86^{g} : x$, also $x = \frac{86^{g} \cdot 90°}{100^{g}} = 77{,}4°$

Gradmaß – Bogenmaß

Im Kreis ist die Länge des Kreisbogens b dem Mittelpunktswinkel und dem Radius proportional.

Es gilt: $\frac{\text{Kreisbogen}}{\text{Kreisumfang}} = \frac{\text{Mittelpunktswinkel}}{\text{Vollwinkel}}$.

Am Einheitskreis (Kreis mit Radius 1 LE) gilt: $\frac{b}{2\pi} = \frac{\alpha}{360°}$.

$\Rightarrow b = \frac{\alpha}{360°} \cdot 2\pi$ (b: Winkel im Bogenmaß, Radiant [rad])

$\Rightarrow \alpha = \frac{b}{2\pi} \cdot 360°$ (α: Winkel in Grad [°])

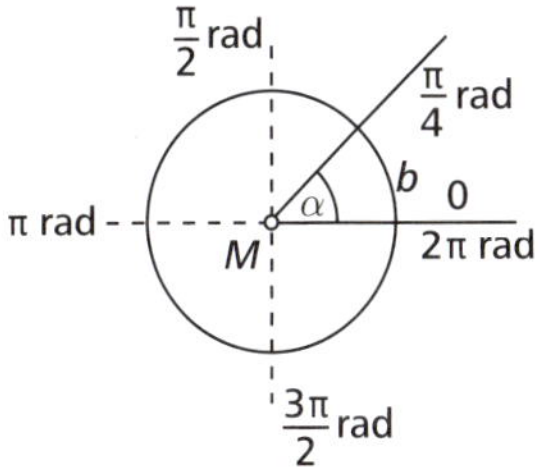

Umrechnungen:

Gradmaß	10°	15°	30°	45°	60°	90°	120°	150°	180°	270°	360°
Bogenmaß in rad	$\frac{\pi}{18}$	$\frac{\pi}{12}$	$\frac{\pi}{6}$	$\frac{\pi}{4}$	$\frac{\pi}{3}$	$\frac{\pi}{2}$	$\frac{2\pi}{3}$	$\frac{5\pi}{6}$	π	$\frac{3\pi}{2}$	2π

BEISPIELE weitere Umrechnungen am Einheitskreis:

- Gesucht ist das Bogenmaß zu $\alpha = 33°$.

  $b = \frac{33° \cdot \pi}{180°} \approx 0{,}1834 \cdot \pi \approx 0{,}576$

- Gesucht ist das Gradmaß zu $b = 1{,}5$ rad.

  $\alpha = \frac{1{,}5}{\pi} \cdot 180° \approx 85{,}94°$

Einstellungen am Taschenrechner:
Bogenmaß [RAD], Gradmaß [DEG]

6.3 Darstellung am Einheitskreis

Die Winkelfunktionen lassen sich im *Einheitskreis* (Kreis mit Radius 1) wie folgt veranschaulichen:

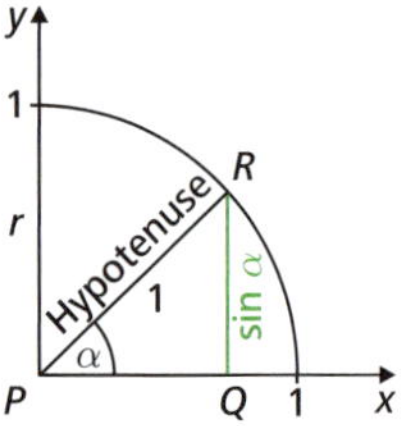

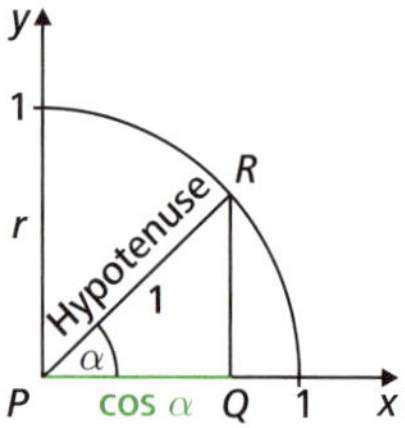

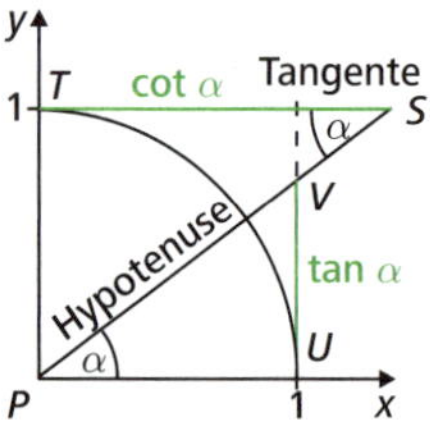

$\overline{QR} = \sin \alpha$
$\overline{PQ} = \cos \alpha$
$\overline{UV} = \tan \alpha$
$\overline{ST} = \cot \alpha$

Vorzeichen der Winkelfunktionswerte im Einheitskreis

		Vorzeichen von:			
Quadrant	**Winkelgröße**	**sin α**	**cos α**	**tan α**	**cot α**
I.	$0 < \alpha < 90°$	+	+	+	+
II.	$90° < \alpha < 180°$	+	–	–	–
III.	$180° < \alpha < 270°$	–	–	+	+
IV.	$270° < \alpha < 360°$	–	+	–	–

BEISPIELE

$\sin 30° = +0{,}5$	$\cos 60° = +0{,}5$	$\tan 45° = +1$
$\sin 150° = +0{,}5$	$\cos 120° = -0{,}5$	$\tan 135° = -1$
$\sin 210° = -0{,}5$	$\cos 240° = -0{,}5$	$\tan 225° = +1$
$\sin 330° = -0{,}5$	$\cos 300° = +0{,}5$	$\tan 315° = -1$

Umrechnungsformeln für beliebige Winkel bei sin und cos

(Umrechnen in Winkel $0 < \alpha < 90°$)

	$-\alpha$	$90° - \alpha$	$180° - \alpha$	$180° + \alpha$
sin	$-\sin\alpha$	$+\cos\alpha$	$+\sin\alpha$	$-\sin\alpha$
cos	$+\cos\alpha$	$+\sin\alpha$	$-\cos\alpha$	$-\cos\alpha$

BEISPIELE $\sin 120° = \sin(180° - 60°) = \sin 60°$
$\sin 220° = \sin(180° + 40°) = -\sin 40°$
$\cos 250° = \cos(180° + 70°) = -\cos 70°$

Besondere Werte der Winkelfunktionen

α im Bogenmaß α in °	0 0°	$\frac{\pi}{6}$ 30°	$\frac{\pi}{4}$ 45°	$\frac{\pi}{3}$ 60°	$\frac{\pi}{2}$ 90°
$\sin\alpha$	0	$\frac{1}{2}$	$\frac{1}{2}\sqrt{2}$	$\frac{1}{2}\sqrt{3}$	1
$\cos\alpha$	1	$\frac{1}{2}\sqrt{3}$	$\frac{1}{2}\sqrt{2}$	$\frac{1}{2}$	0
$\tan\alpha$	0	$\frac{1}{3}\sqrt{3}$	1	$\sqrt{3}$	nicht defin.
$\cot\alpha$	nicht defin.	$\sqrt{3}$	1	$\frac{1}{3}\sqrt{3}$	0

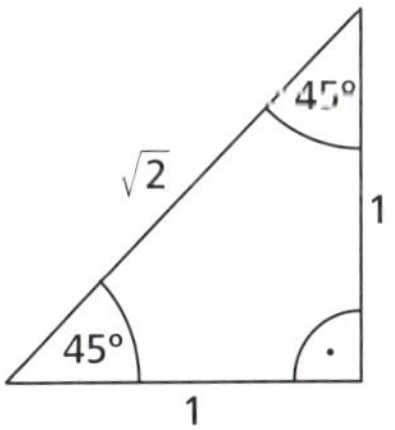

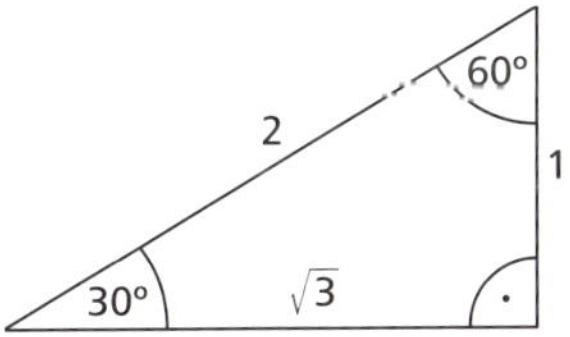

6.4 Beziehungen der Winkelfunktionen

$\sin\alpha = \cos(90° - \alpha)$
$\cos\alpha = \sin(90° - \alpha)$
$\tan\alpha = \cot(90° - \alpha)$
$\cot\alpha = \tan(90° - \alpha)$

$\sin(-\alpha) = -\sin\alpha$
$\cos(-\alpha) = +\cos\alpha$
$\tan(-\alpha) = -\tan\alpha$
$\cot(-\alpha) = -\cot\alpha$

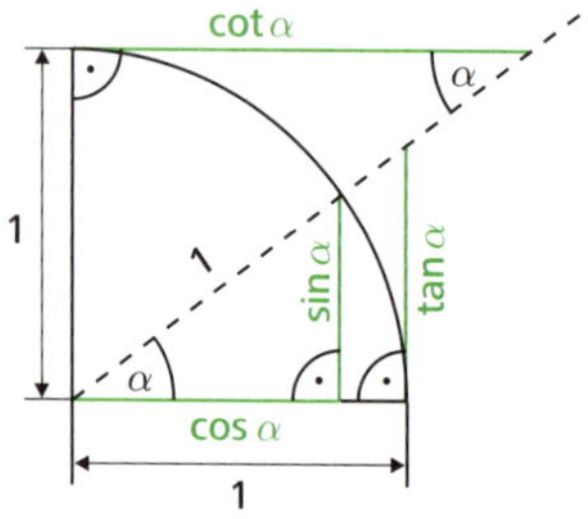

$\sin^2\alpha + \cos^2\alpha = 1$
(Satz des Pythagoras im Einheitskreis)

Daraus folgt:
$\Rightarrow \sin^2\alpha = 1 - \cos^2\alpha$
$\Rightarrow \cos^2\alpha = 1 - \sin^2\alpha$

BEACHTE Schreibweise: $\sin^2\alpha = (\sin\alpha)^2$

$\tan\alpha = \frac{\sin\alpha}{\cos\alpha}$ $(\alpha \neq 90°)$

Daraus folgt:
$\Rightarrow \sin\alpha = \tan\alpha \cdot \cos\alpha$ $(\alpha \neq 90°)$
$\Rightarrow \cos\alpha = \frac{\sin\alpha}{\tan\alpha}$ $(\alpha \neq 90°)$

$\tan\alpha = \frac{1}{\cot\alpha}$ $(\alpha \neq 0°;\ \alpha \neq 90°)$

Daraus folgt:
$\Rightarrow \cot\alpha = \frac{1}{\tan\alpha}$ $(\alpha \neq 0°;\ \alpha \neq 90°)$
$\Rightarrow \tan\alpha \cdot \cot\alpha = 1$ $(\alpha \neq 0°;\ \alpha \neq 90°)$

$\Rightarrow \cot\alpha = \frac{\cos\alpha}{\sin\alpha}$ $(\alpha \neq 90°)$

Alle vier Winkelfunktionen lassen sich mithilfe einer anderen Winkelfunktion ausdrücken. Man benötigt diese ***Umrechnungsformeln*** vielfach zur Lösung trigonometrischer Gleichungen.

Gegeben / Gesucht	sin α	cos α	tan α	cot α
sin α	–	$\sqrt{1-\cos^2\alpha}$	$\frac{\tan\alpha}{\sqrt{1+\tan^2\alpha}}$	$\frac{1}{\sqrt{1+\cot^2\alpha}}$
cos α	$\sqrt{1-\sin^2\alpha}$	–	$\frac{1}{\sqrt{1+\tan^2\alpha}}$	$\frac{\cot\alpha}{\sqrt{1+\cot^2\alpha}}$
tan α	$\frac{\sin\alpha}{\sqrt{1-\sin^2\alpha}}$	$\frac{\sqrt{1-\cos^2\alpha}}{\cos\alpha}$	–	$\frac{1}{\cot\alpha}$
cot α	$\frac{\sqrt{1-\sin^2\alpha}}{\sin\alpha}$	$\frac{\cos\alpha}{\sqrt{1-\cos^2\alpha}}$	$\frac{1}{\tan\alpha}$	–

BEISPIEL Wir leiten $\tan\alpha = \frac{\sin\alpha}{\sqrt{1-\sin^2\alpha}}$ her:

Es gilt: $\tan\alpha = \frac{\sin\alpha}{\cos\alpha} = \frac{\sin\alpha}{\sqrt{1-\sin^2\alpha}}$.

6

6.5 Additionstheoreme

Winkelfunktionen bei Summe und Differenz zweier Winkel

$\sin(\alpha+\beta)$
$= \sin\alpha\cdot\cos\beta + \cos\alpha\cdot\sin\beta$

$\sin(\alpha-\beta)$
$= \sin\alpha\cdot\cos\beta - \cos\alpha\cdot\sin\beta$

$\cos(\alpha+\beta)$
$= \cos\alpha\cdot\cos\beta - \sin\alpha\cdot\sin\beta$

$\cos(\alpha-\beta)$
$= \cos\alpha\cdot\cos\beta + \sin\alpha\cdot\sin\beta$

$\tan(\alpha+\beta) = \frac{\tan\alpha+\tan\beta}{1-\tan\alpha\cdot\tan\beta}$

$\tan(\alpha-\beta) = \frac{\tan\alpha-\tan\beta}{1+\tan\alpha\cdot\tan\beta}$

$\cot(\alpha+\beta) = \frac{\cot\alpha\cdot\cot\beta-1}{\cot\beta+\cot\alpha}$

$\cot(\alpha-\beta) = \frac{\cot\alpha\cdot\cot\beta+1}{\cot\beta-\cot\alpha}$

$\sin(\alpha+\beta)\cdot\sin(\alpha-\beta)$ $=\cos^2\beta-\cos^2\alpha$ $=\sin^2\alpha-\sin^2\beta$	$\cos(\alpha+\beta)\cdot\cos(\alpha-\beta)$ $=\cos^2\beta-\sin^2\alpha$ $=\cos^2\alpha-\sin^2\beta$

BEISPIELE

- Berechne cos 75° durch Addition bekannter Winkelmaße.

$$\begin{aligned}\cos 75° = \cos(30°+45°) &= \cos 30°\cdot\cos 45° - \sin 30°\cdot\sin 45°\\ &= \frac{1}{2}\cdot\sqrt{3}\cdot\frac{1}{2}\cdot\sqrt{2}-\frac{1}{2}\cdot\frac{1}{2}\cdot\sqrt{2}\\ &= \frac{1}{4}\cdot\sqrt{3}\cdot\sqrt{2}-\frac{1}{4}\cdot\sqrt{2}\\ &= \frac{1}{4}\cdot\sqrt{2}\cdot(\sqrt{3}-1)\end{aligned}$$

- Wir bestimmen $\sin 2x$ mithilfe der Additionstheoreme (Spezialfall $\alpha=\beta=x$).

$$\begin{aligned}\sin 2x &= \sin(x+x) = \sin x\cdot\cos x + \cos x\cdot\sin x\\ &= \sin x\cdot\cos x + \sin x\cdot\cos x\\ &= 2\cdot\sin x\cdot\cos x\end{aligned}$$

Weitere Beziehungen zwischen den Winkelfunktionen

Summen und Differenzen

$$\sin\alpha+\sin\beta = 2\cdot\sin\frac{\alpha+\beta}{2}\cdot\cos\frac{\alpha-\beta}{2}$$

$$\sin\alpha-\sin\beta = 2\cdot\cos\frac{\alpha+\beta}{2}\cdot\sin\frac{\alpha-\beta}{2}$$

$$\cos\alpha+\cos\beta = 2\cdot\cos\frac{\alpha+\beta}{2}\cdot\cos\frac{\alpha-\beta}{2}$$

$$\cos\alpha-\cos\beta = 2\cdot\sin\frac{\alpha+\beta}{2}\cdot\sin\frac{\alpha-\beta}{2}$$

$$\tan\alpha+\tan\beta = \frac{\sin(\alpha+\beta)}{\cos\alpha\cdot\cos\beta}$$

$$\tan\alpha-\tan\beta = \frac{\sin(\alpha-\beta)}{\cos\alpha\cdot\cos\beta}$$

BEISPIEL

$$\frac{\text{sins } \alpha + \sin \beta}{\cos \alpha - \cos \beta} = \frac{2 \cdot \sin \frac{\alpha+\beta}{2} \cdot \cos \frac{\alpha-\beta}{2}}{2 \cdot \sin \frac{\alpha+\beta}{2} \cdot \sin \frac{\alpha-\beta}{2}}$$

$$= \frac{\cos \frac{\alpha-\beta}{2}}{\sin \frac{\alpha-\beta}{2}} = \cot \frac{\alpha-\beta}{2}$$

Vielfache

Mithilfe der Additionstheoreme können die Funktionen von Vielfachen eines Winkels bestimmt werden.

$\sin(2\alpha) = 2 \cdot \sin \alpha \cdot \cos \alpha$

$$\cos(2\alpha) = \cos^2 \alpha - \sin^2 \alpha = 2\cos^2 \alpha - 1 = 1 - 2 \cdot \sin^2 \alpha$$

$$\tan(2\alpha) = \frac{2 \cdot \tan \alpha}{1 - \tan^2 \alpha} \qquad \cot(2\alpha) = \frac{\cot^2 \alpha - 1}{2 \cdot \cot \alpha}$$

BEISPIEL Wir vereinfachen den Term $\cos(2\alpha) + \sin^2 \alpha$:
$\cos(2\alpha) + \sin^2 \alpha = \cos^2 \alpha - \sin^2 \alpha + \sin^2 \alpha = \cos^2 \alpha$

Halbes Winkelmaß

$$\sin \frac{\alpha}{2} = \sqrt{\frac{1-\cos \alpha}{2}}; \cos \frac{\alpha}{2} = \sqrt{\frac{1+\cos \alpha}{2}}; \tan \frac{\alpha}{2} = \sqrt{\frac{1-\cos \alpha}{1+\cos \alpha}}$$

BEISPIEL Wir beweisen mit $\alpha = 2 \cdot \frac{\alpha}{2}$ und obiger Sätze die Geltung der Formel für $\sin \frac{\alpha}{2}$.

$$\sqrt{\frac{1-\cos \alpha}{2}} = \sqrt{\frac{1-\cos\left(2 \cdot \frac{\alpha}{2}\right)}{2}} = \sqrt{\frac{1-\cos\left(\frac{\alpha}{2}+\frac{\alpha}{2}\right)}{2}}$$

$$= \sqrt{\frac{1-\left(1-2\sin^2\left(\frac{\alpha}{2}\right)\right)}{2}} = \sqrt{\frac{2\sin^2\left(\frac{\alpha}{2}\right)}{2}}$$

$$= \sqrt{\sin^2 \frac{\alpha}{2}} = \sin \frac{\alpha}{2}$$

Produkte

$\sin\alpha\cdot\sin\beta=\frac{1}{2}\,[\cos(\alpha-\beta)-\cos(\alpha+\beta)]$

$\cos\alpha\cdot\cos\beta=\frac{1}{2}\,[\cos(\alpha-\beta)+\cos(\alpha+\beta)]$

$\tan\alpha\cdot\tan\beta=\frac{\tan\alpha+\tan\beta}{\cot\alpha+\cot\beta}$

BEISPIEL Mit $\cos 15°=\frac{1}{4}\cdot\sqrt{2}\,(\sqrt{3}+1)$, gewonnen z. B. aus $\cos(60°-45°)$, und $\cos 75°=\frac{1}{4}\cdot\sqrt{2}\,(\sqrt{3}-1)$, vgl. oben, berechnen wir das Produkt $\sin 45°\cdot\sin 30°$:

$$\sin 45°\cdot\sin 30°=\frac{1}{2}\,(\cos 15°-\cos 75°)$$
$$=\frac{1}{2}\left[\frac{1}{4}\sqrt{2}\,(\sqrt{3}+1)-\left(\frac{1}{4}\sqrt{2}\,(\sqrt{3}-1\right)\right]$$
$$=\frac{1}{8}(\sqrt{6}+\sqrt{2}-\sqrt{6}+\sqrt{2})=\frac{1}{8}(2\sqrt{2})=\frac{1}{4}\cdot\sqrt{2}$$

6.6 Berechnungen mit Winkelfunktionen am schiefwinkligen Dreieck

Sinussatz

In einem beliebigen Dreieck gilt: Die Längen zweier Seiten verhalten sich zueinander wie die Sinuswerte ihrer Gegenwinkel.

$\frac{a}{b}=\frac{\sin\alpha}{\sin\beta}$ $\frac{a}{c}=\frac{\sin\alpha}{\sin\gamma}$ $\frac{b}{c}=\frac{\sin\beta}{\sin\gamma}$

Durch Umstellung findet man u. a. folgende Formeln:

$a=\frac{b\cdot\sin\alpha}{\sin\beta}=\frac{c\cdot\sin\alpha}{\sin\gamma}$

$\sin a=\frac{a\cdot\sin\beta}{b}=\frac{a\cdot\sin\gamma}{c}$

Für den **Umkreisdurchmesser** gilt:

$$\frac{a}{\sin\alpha} = \frac{b}{\sin\beta} = \frac{c}{\sin\gamma} = 2r.$$

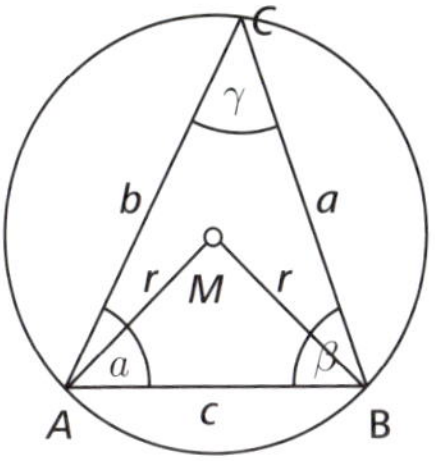

Flächeninhalt beliebiger Dreiecke

In jedem Dreieck lässt sich die Fläche wie folgt bestimmen:

$A = \frac{a \cdot b}{2} \cdot \sin\gamma$ $\quad A = \frac{a \cdot c}{2} \cdot \sin\beta$ $\quad A = \frac{b \cdot c}{2} \cdot \sin\alpha$

$A = 2r^2 \sin\alpha \cdot \sin\beta \cdot \sin\gamma$; r ist der Umkreisradius.

Höhen

$h_a = b \cdot \sin\gamma = c \cdot \sin\beta$

$h_b = a \cdot \sin\gamma = c \cdot \sin\alpha$

$h_c = b \cdot \sin\alpha = a \cdot \sin\beta$

Kosinussatz

In einem beliebigen Dreieck gilt: Das Quadrat einer Seite ist gleich der Summe der Quadrate der beiden anderen Seiten, vermindert um das doppelte Produkt aus beiden Seiten und dem Kosinus des eingeschlossenen Winkels.

$a^2 = b^2 + c^2 - 2b \cdot c \cdot \cos\alpha$

$b^2 = a^2 + c^2 - 2a \cdot c \cdot \cos\beta$

$c^2 = a^2 + b^2 - 2a \cdot b \cdot \cos\gamma$

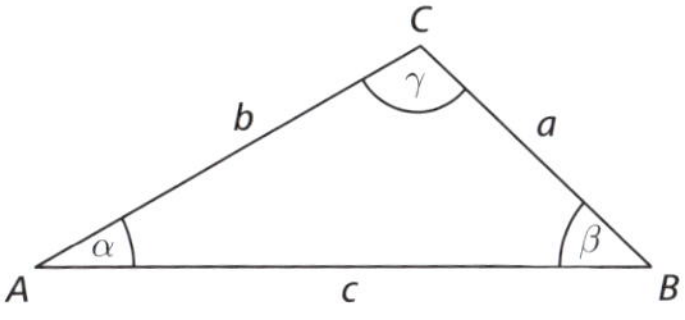

SONDERFALL $\gamma = 90°$

$c^2 = a^2 + b^2$ (Satz des PYTHAGORAS)

Durch Umstellen ergeben sich u. a. folgende Formeln:

$$a = \sqrt{b^2 + c^2 - 2bc \cdot \cos \alpha}$$

$$\cos \alpha = \frac{b^2 + c^2 - a^2}{2bc}$$

Beispiele zur Anwendung von Sinus- und Kosinussatz
Vier Hauptfälle der Dreiecksberechnung

Wir haben diese schon im Kapitel ***Kongruenzsätze*** kennen gelernt. Sie werden benannt nach den gegebenen Größen:

1. 3 Seiten
   sss (Ansatz zur Lösung: Kosinussatz)
2. 2 Seiten und der eingeschlossene Winkel
   sws (Ansatz zur Lösung: Kosinussatz)
3. 1 Seite und 2 anliegende Winkel
   wsw (Ansatz zur Lösung: Sinussatz)
4. 2 Seiten und ein anliegender Winkel
   Ssw (Ansatz zur Lösung: Sinussatz)

Die Fälle 1 bis 3 liefern stets eindeutige Ergebnisse, in Fall 4 muss man eine Fallunterscheidung treffen (↗ S. 86 ff.).

ANWENDUNG zu 1. sss

Gegeben: $a = 3\,\text{cm}$, $b = 4\,\text{cm}$, $c = 5\,\text{cm}$
Gesucht: α, β, γ
Ansatz zur Lösung mit Kosinussatz:

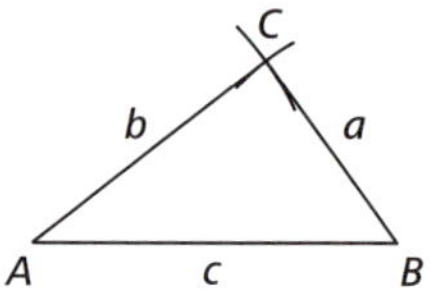

(1) $\cos \alpha = \frac{4^2 + 5^2 - 3^2}{2 \cdot 4 \cdot 5} = 0{,}8$

$\alpha \approx 36{,}87°$

Weiter mit Kosinussatz oder auch Sinussatz:

(2) $\sin\beta = \frac{4 \cdot \sin 36{,}87°}{3} = 0{,}8$

$\beta \approx 53{,}13°$

(3) $\sin\gamma = \frac{5 \cdot \sin 36{,}87°}{3} = 1$

$\gamma = 90°$

Probe: $\alpha + \beta + \gamma = 36{,}87° + 53{,}13° + 90° = 180°$

Es wird einsichtig: Durch Zeichnung gewonnene (konstruierbare) Dreiecke sind auch berechenbar.

ANWENDUNG zu 2. sws

Gegeben: $a = 6\,\text{cm}$, $b = 3\,\text{cm}$,
$\gamma = 25°$

Gesucht: c, α, β

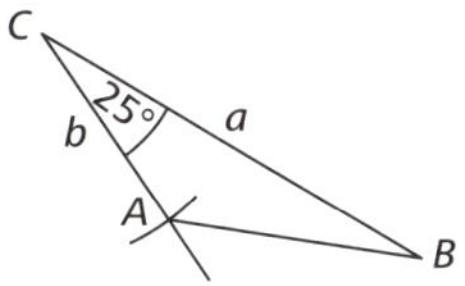

6

Ansatz zur Lösung mit Kosinussatz:

(1) $c = \sqrt{6^2\,\text{cm}^2 + 3^2\,\text{cm}^2 - 2 \cdot 6\,\text{cm} \cdot 3\,\text{cm} \cdot \cos 25°}$

$c \approx 3{,}52\,\text{cm}$

Weiter mit Sinussatz:

(2) $\sin(180° - \alpha) = \frac{6 \cdot \sin 25°}{3{,}52} \approx 0{,}72$

$180° - \alpha \approx 46{,}1°$

$\alpha \approx 133{,}9°$

(3) $\sin\beta = \frac{3 \cdot \sin 25°}{3{,}52} \approx 0{,}36$

$\beta \approx 21{,}1°$

Probe: $\alpha + \beta + \gamma = 133{,}9° + 21{,}1° + 25° = 180°$

ANWENDUNG zu 3. wsw

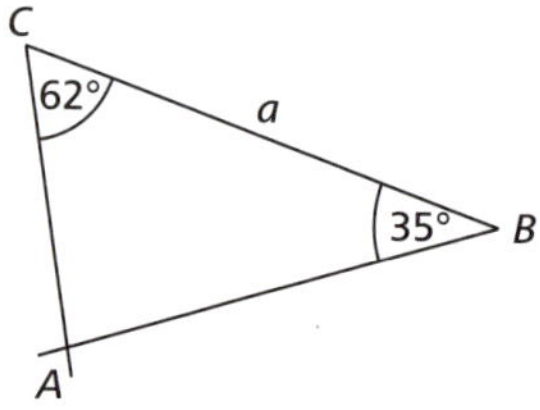

Gegeben:
$a = 7\,\text{cm}, \beta = 35°, \gamma = 62°$
Gesucht: α, b, c
Ansatz zur Lösung mit Sinussatz:

(1) $\alpha = 180° - 35° - 62° = 83°$

(2) $b = \dfrac{7 \cdot \sin 35°}{\sin 83°} \approx 4{,}05\,\text{cm}$

(3) $c = \dfrac{7 \cdot \sin 62°}{\sin 83°} \approx 6{,}23\,\text{cm}$

ANWENDUNG zu 4. ssw bzw. Ssw

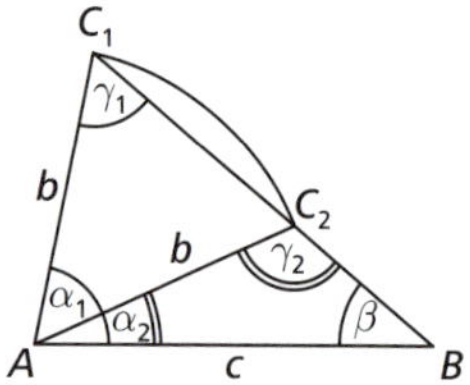

Gegeben: b, c, β
Gesucht: a, α, γ
Ansatz zur Lösung mit Sinussatz:

(1) $\sin \gamma = \dfrac{c \cdot \sin \beta}{b}$

Fallunterscheidung

1. Fall: $\sin \gamma > 1$: Es existiert kein Dreieck mit den gegebenen Größen.
2. Fall: $\sin \gamma = 1$: Das gesuchte Dreieck ist rechtwinklig.
3. Fall: $\sin \gamma < 1$: Hierbei können zwei verschiedene Fälle auftreten:
   - Der gegebene Winkel liegt gegenüber der größeren der gegebenen Seiten: Es existiert *ein* solches Dreieck.
   - Der gegebene Winkel liegt gegenüber der kleineren der gegebenen Seiten: Es existieren *zwei* solcher Dreiecke.

(2) $\alpha = 180° - (\beta + \gamma)$

(3) $a = \dfrac{b \cdot \sin \alpha}{\sin \beta}$

6.7 Zur Auflösung trigonometrischer Gleichungen

BEISPIEL

$$4 - 2 \cdot \cos x = 8 - 7 \cdot \cos x \quad | -4 + 7 \cdot \cos x$$
$$5 \cdot \cos x = 4 \quad | :5$$
$$\cos x = \frac{4}{5}$$
$$x_1 \approx 36{,}87°$$
$$x_2 \approx 360° - 36{,}87° = 323{,}13°$$

Da $\cos x$ als einzige Winkelfunktion vorkommt, lösen wir nach $\cos x$ und dann nach x auf.

REGELN Treten in einer Gleichung verschiedene Winkelfunktionen auf, so muss man die Gleichung umformen:

1. Alle Funktionen auf sin und cos bringen. ($\sin \alpha$ bzw. $\sin x$, $\cos \alpha$ bzw. $\cos x$)
2. Funktionen verschiedener Winkel zu Funktionen gleicher Winkel machen.
3. Alle Winkelfunktionen auf eine zurückführen.
4. Wurzelausdrücke beseitigen.

BEISPIELE

■
$$\sin(x - \alpha) = \cos(x + \alpha)$$
$$\sin x \cos \alpha - \cos x \sin \alpha = \cos x \cos \alpha - \sin x \sin \alpha$$
$$\sin x (\cos \alpha + \sin \alpha) = \cos x (\cos \alpha + \sin \alpha)$$
$$\frac{\sin x}{\cos x} = 1$$
$$\tan x = 1 \Rightarrow x_1 = 45°;$$
$$x_2 = 180° + 45° = 225°$$

$L = \{45°; 225°\}$

6

- $$\begin{aligned} \sin x &= 1 + \cos x \\ \sqrt{1 - \cos^2 x} &= 1 + \cos x \qquad \mid (\ )^2 \\ 1 - \cos^2 x &= 1 + 2 \cdot \cos x + \cos^2 x \\ -2\cos^2 x - 2\cos x &= 0 \\ \cos^2 x + \cos x &= 0 \\ \cos x\,(\cos x + 1) &= 0 \end{aligned}$$

  1. Fall: $\cos x = 0 \Rightarrow x_1 = 90°;\ x_2 = 270°$

  2. Fall: $\cos x + 1 = 0$

  $\cos x = -1 \Rightarrow x_3 = 180°$

  $L = \{90°;\ 180°;\ 270°\}$

- $2\sin^2 x + 3\sin x = 2$

  $\sin^2 x + 1{,}5\sin x - 1 = 0$ Substitution: $\sin x = z$

  $z^2 + 1{,}5\,z - 1 = 0$

  $$z_{1/2} = -\frac{3}{4} \pm \sqrt{\left(\frac{3}{4}\right)^2 + 1}$$

  $$z_{1/2} = -\frac{3}{4} \pm \sqrt{\frac{9}{16} + \frac{16}{16}}$$

  $$z_{1/2} = -\frac{3}{4} \pm \frac{5}{4}$$

  $z_1 = 0{,}5 \ \sin x_1 = 0{,}5$

  $x_1 = 30°;$

  $x_2 = 180° - 30° = 150°$

  $z_2 = -2 \ \sin x_3 = -2$ (nicht lösbar)

  $L = \{30°;\ 150°\}$

Teste dein Wissen!

Kapitel „Trigonometrie"	O.K. ✓	Das muss ich noch mal lesen
Ich kann die Größe eines Winkels im rechtwinkligen Dreieck durch die Seitenverhältnisse sin α, cos α und tan α beschreiben.		S. 110
Ich kann Umrechnungen zwischen Gradmaß und Bogenmaß durchführen.		S. 113
Ich kann Winkelfunktionen am Einheitskreis veranschaulichen.		S. 114
Ich kann Beziehungen zwischen Winkelfunktionen angeben.		S. 116–118
Ich kann *Sinus-* und *Kosinussatz* angeben und mit ihnen Längen in nicht rechtwinkligen Dreiecken berechnen.		S. 120, 121
Ich kann durch Methoden wie Ausklammern, Umformen und Substituieren die Lösungsmenge trigonometrischer Gleichungen bestimmen.		S. 125, 126

7 Vektoren

7.1 Definition und Bezeichnungen

Die Menge aller gleich langen, parallelen und gleich gerichteten Pfeile heißt ***Vektor.***
Jeder dieser Pfeile ist ein ***Repräsentant*** des Vektors.

Der Repräsentant mit dem Fuß im Ursprung heißt ***Ortsvektor.***
SONDERFALL In diesem Fall gibt der Punkt an der Spitze auch die Komponenten des Ortsvektors an. (↗ Spaltenschreibweise, S. 11 u. S. 129)

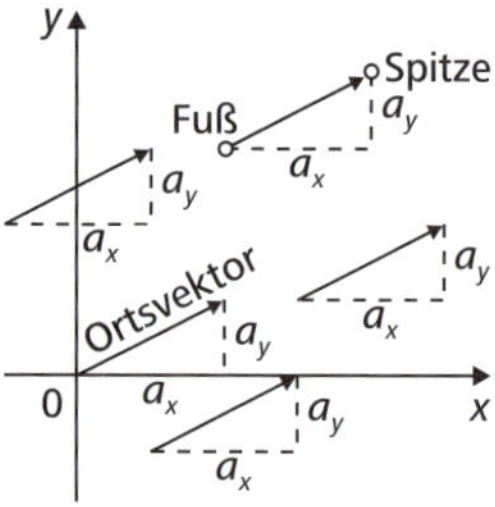

Bezeichnungen von Vektoren
$\vec{a}, \vec{b}, \vec{c}, \ldots$ bezeichnen verschiedene Vektoren.
Die Angabe eines Vektors kann auch mithilfe von Fußpunkt und Spitze erfolgen: $\vec{a} = \overrightarrow{P_1P_2} = -\overrightarrow{P_2P_1}$.

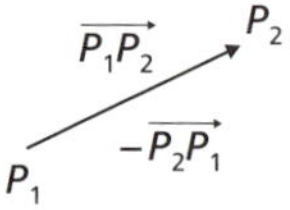

Spaltenschreibweise

Vektoren im Koordinatensystem werden in ***Spaltenschreibweise (Koordinatendarstellung)*** angegeben.

$\vec{a} = \begin{pmatrix} a_x \\ a_y \end{pmatrix}$ a_x bezeichnet die x-***Koordinate*** des Vektors $\vec{a}$.
a_y bezeichnet die y-***Koordinate*** des Vektors $\vec{a}$.

BEISPIEL

$\vec{a} = \begin{pmatrix} 3 \\ 2 \end{pmatrix}$ 3 ist x-Koordinate
2 ist y-Koordinate

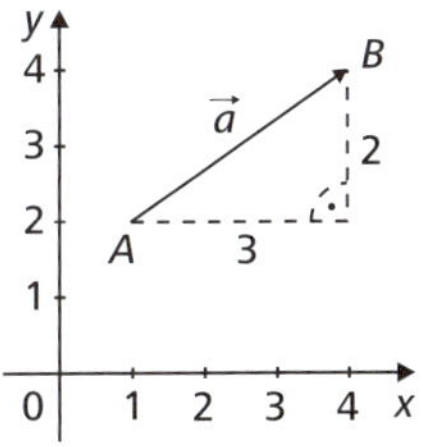

HINWEIS Die Spaltenschreibweise dient zur Unterscheidung von Vektor und Punkt: Ein ***Punkt*** ist eindeutig festgelegt, während sich ein ***Vektor*** an unendlich vielen Stellen befinden kann.

7

Berechnung der Vektorkoordinaten

Ein Vektor $\vec{a} = \overrightarrow{AB}$ hat seinen Fußpunkt in $A\,(x_1; y_1)$, seine Spitze in $B\,(x_2; y_2)$. Seine Koordinaten berechnen sich wie folgt:

$$\vec{a} = \begin{pmatrix} x_2 - x_1 \\ y_2 - y_1 \end{pmatrix}$$

BEISPIEL

$A\,(1; 2)$, $B\,(4; 4)$

$\vec{a} = \overrightarrow{AB} = \begin{pmatrix} 4-1 \\ 4-2 \end{pmatrix} = \begin{pmatrix} 3 \\ 2 \end{pmatrix}$

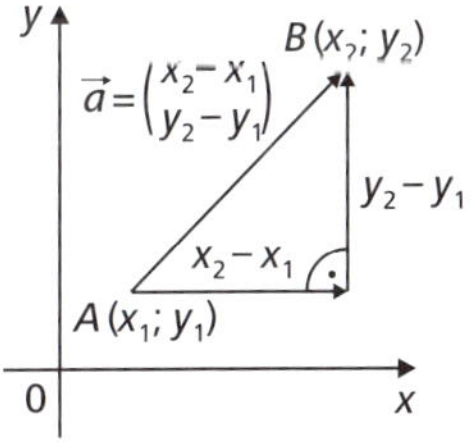

7.2 Betrag eines Vektors; spezielle Vektoren

Betrag von $\vec{a}$

$$|a| = \sqrt{a_x^{\,2} + a_y^{\,2}}$$

BEISPIEL

$$\vec{a} = \begin{pmatrix} 3 \\ 2 \end{pmatrix}$$

$$|\vec{a}\,| = \sqrt{3^2 + 2^2} = \sqrt{13}$$

Länge einer Strecke $\overline{AB}$

$A(x_1; y_1)\ B(x_2; y_2)$

$$\overline{AB} = |\overrightarrow{AB}\,| = |\vec{b} - \vec{a}\,| = \sqrt{(x_2 - x_1)^2 + (y_2 - y_1)^2}$$

BEISPIEL

$P(1; 2); Q(4; 4)$

$$|\vec{a}\,| = |\overrightarrow{PQ}\,| = \left|\begin{pmatrix} 4 \\ 4 \end{pmatrix} - \begin{pmatrix} 1 \\ 2 \end{pmatrix}\right| = \sqrt{(4-1)^2 + (4-2)^2} = \sqrt{3^2 + 2^2} = \sqrt{13}$$

Mittelpunkt M einer Strecke $\overline{AB}$

$M(x_m; y_m)$ mit $x_m = \dfrac{x_1 + x_2}{2}$ und $y_m = \dfrac{y_1 + y_2}{2}$ (↗ S. 61)

BEISPIEL

Mittelpunkt von P und Q: $M\left(\dfrac{1+4}{2}; \dfrac{2+4}{2}\right) = M(2{,}5; 3)$

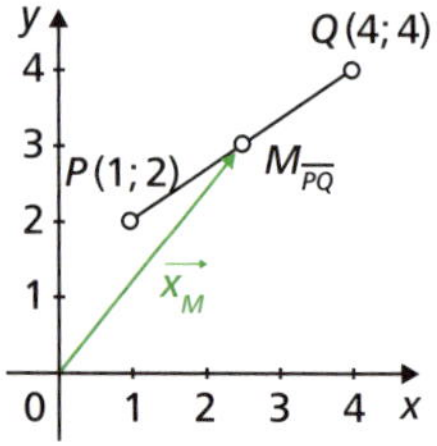

Ortsvektor zum Mittelpunkt:

$$\vec{x}_M = \frac{1}{2}(\vec{a} \oplus \vec{b}\,) = \frac{1}{2} \cdot \begin{pmatrix} x_1 + x_2 \\ y_1 + y_2 \end{pmatrix};$$

$$\vec{x}_M = \frac{1}{2} \cdot \begin{pmatrix} 1 + 4 \\ 2 + 4 \end{pmatrix} = \begin{pmatrix} 2{,}5 \\ 3 \end{pmatrix}$$

Einheitsvektor

Der Einheitsvektor $\vec{a_0}$ ist der zu einem Vektor $\vec{a}$ gehörige Vektor mit der Länge 1 LE in Richtung $\vec{a}$:

$\vec{a_0}$ mit $|\vec{a_0}| = 1$; $\vec{a} = a \cdot \vec{a_0}$

> Für den zum Vektor $\vec{a}$ gehörenden Einheitsvektor $\vec{a_0}$ gilt:
>
> $\vec{a_0} = \frac{\vec{a}}{a}$

BEISPIEL

$\vec{a} = \begin{pmatrix} 3 \\ 2 \end{pmatrix}$; $\vec{a_0}$

$= \frac{1}{\sqrt{13}} \begin{pmatrix} 3 \\ 2 \end{pmatrix}$

$= \begin{pmatrix} \frac{3}{\sqrt{13}} \\ \frac{2}{\sqrt{13}} \end{pmatrix} \approx \begin{pmatrix} 0{,}83 \\ 0{,}55 \end{pmatrix}$

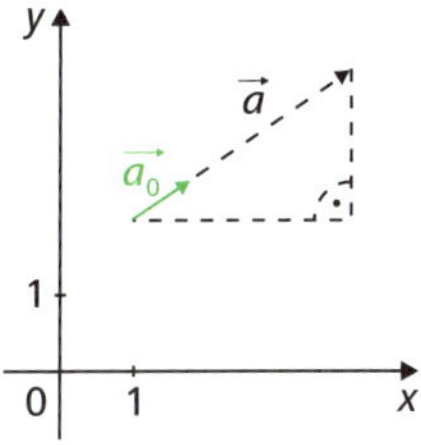

in Richtung x-Achse: $\vec{e_1}$

Einheitsvektor $\vec{e_1} = \begin{pmatrix} 1 \\ 0 \end{pmatrix}$

in Richtung y-Achse: $\vec{e_2}$

Einheitsvektor $\vec{e_2} = \begin{pmatrix} 0 \\ 1 \end{pmatrix}$

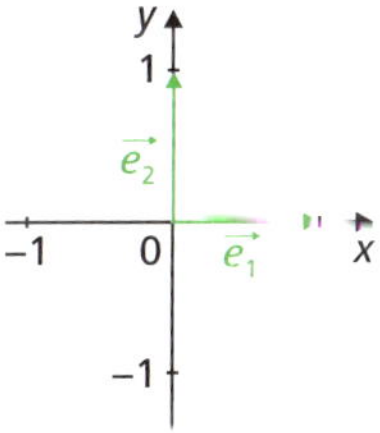

Nullvektor

Vektor mit Länge 0 und unbestimmter Richtung; $\vec{0}$ mit $|\vec{0}| = 0$

7.3 Verknüpfung von Vektoren

Addition und Subtraktion

Addition

$\vec{a} \oplus \vec{b} = \vec{c}$

$$\begin{pmatrix} a_x \\ a_y \end{pmatrix} \oplus \begin{pmatrix} b_x \\ b_y \end{pmatrix} = \begin{pmatrix} a_x + b_x \\ a_y + b_y \end{pmatrix}$$

Der Summenvektor $\vec{c}$ ist die Diagonale im Parallelogramm, das aus den Vektoren $\vec{a}$ und $\vec{b}$ gebildet werden kann.

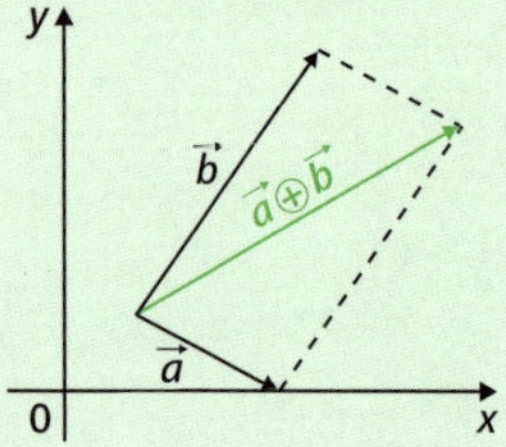

BEISPIELE

- Ein Frachter wird von 2 Schleppern S_1 und S_2 unterschiedlicher Kraft gezogen. Die beiden äußeren Pfeile bezeichnen die jeweilige Kraft eines Schleppers. Die Diagonale im sogenannten Kräfteparallelogramm gibt zum einen die Richtung an, in die der Frachter gezogen wird, und zum anderen die Kraft (Vektorlänge), mit der er gezogen wird.

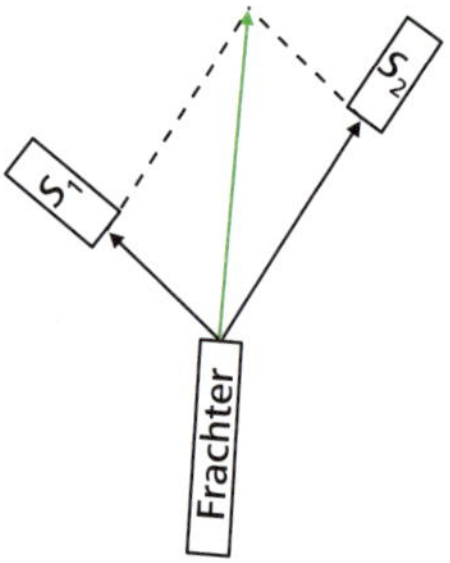

- $\vec{a} = \begin{pmatrix} 2 \\ -1 \end{pmatrix}; \vec{b} = \begin{pmatrix} 2 \\ 3 \end{pmatrix}: \vec{a} \oplus \vec{b} = \begin{pmatrix} 2+2 \\ -1+3 \end{pmatrix} = \begin{pmatrix} 4 \\ 2 \end{pmatrix}$

Subtraktion

$\vec{a} - \vec{b} = \vec{a} \oplus (-\vec{b}) = \vec{d}$

$$\begin{pmatrix} a_x \\ a_y \end{pmatrix} - \begin{pmatrix} b_x \\ b_y \end{pmatrix} = \begin{pmatrix} a_x - b_x \\ a_y - b_y \end{pmatrix}$$

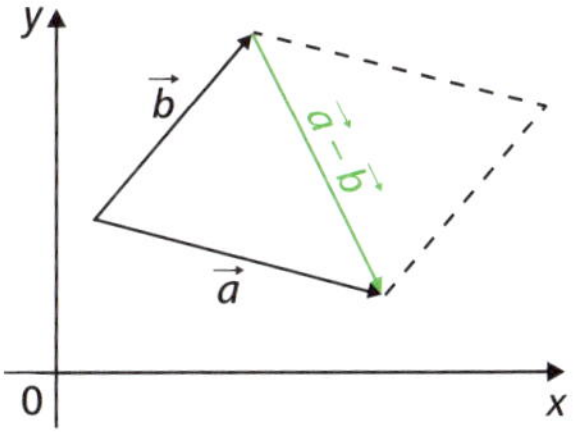

BEISPIEL

$$\vec{a} = \begin{pmatrix} 4 \\ -2 \end{pmatrix};\ \vec{b} = \begin{pmatrix} 3 \\ 2 \end{pmatrix};\ \vec{a} - \vec{b} = \begin{pmatrix} 4-3 \\ -2-2 \end{pmatrix} = \begin{pmatrix} 1 \\ -4 \end{pmatrix}$$

S-Multiplikation

Hierbei wird ein Vektor mit einer reellen Zahl k *(Skalar)* multipliziert.

7

$$k \cdot \vec{a} = k \cdot \begin{pmatrix} a_x \\ a_y \end{pmatrix} = \begin{pmatrix} k \cdot a_x \\ k \cdot a_y \end{pmatrix};\ k \in \mathbb{R}\setminus\{0\}$$

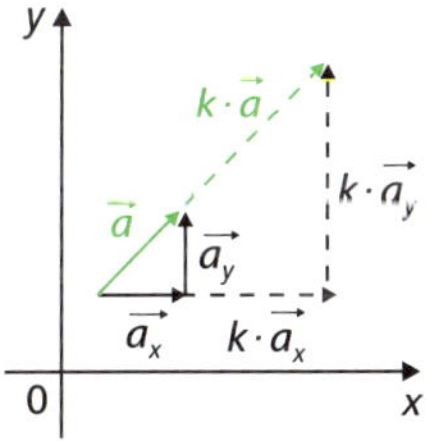

▶ **HINWEIS** Der Vektor $k \cdot \vec{a}$ ist durch ***zentrische Streckung*** (↗ S. 88) mit dem ***Streckfaktor*** k aus dem Vektor $\vec{a}$ hervorgegangen.

BEISPIEL $\vec{a} = \binom{2}{1};\ 3 \cdot \vec{a} = 3 \cdot \binom{2}{1} = \binom{6}{3}$

SONDERFALL $(-1) \cdot \vec{a}$ heißt *Gegenvektor* zum Vektor $\vec{a}$.

BEISPIEL

$\vec{a} = \binom{-1}{3}$

Gegenvektor:

$(-1) \cdot \vec{a} = (-1) \cdot \binom{-1}{3} = \binom{1}{-3}$

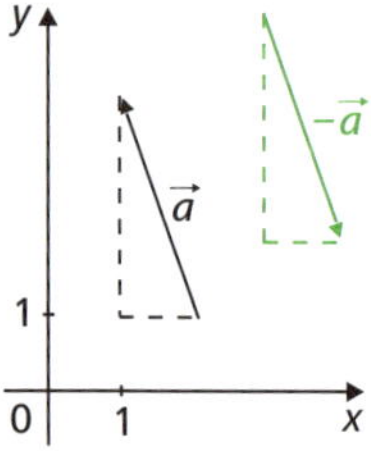

Rechengesetze der Vektoraddition und *S*-Multiplikation

Kommutativgesetz:

Vektoraddition: $\vec{a} \oplus \vec{b} = \vec{b} \oplus \vec{a}$

$$\binom{3}{7} \oplus \binom{-1}{5} = \binom{-1}{5} \oplus \binom{3}{7} = \binom{2}{12}$$

Assoziativgesetz:

Vektoraddition: $(\vec{a} \oplus \vec{b}) \oplus \vec{c} = \vec{a} \oplus (\vec{b} \oplus \vec{c})$

$$\left(\binom{-1}{-2} \oplus \binom{1}{3}\right) \oplus \binom{2}{5} = \binom{0}{1} \oplus \binom{2}{5} = \binom{2}{6}$$

$$= \binom{-1}{-2} \oplus \left(\binom{1}{3} \oplus \binom{2}{5}\right) = \binom{-1}{-2} \oplus \binom{3}{8} = \binom{2}{6}$$

S-Multiplikation: $(k \cdot m) \cdot \vec{a} = k \cdot (m \cdot \vec{a})$

$$(2 \cdot 5) \cdot \binom{1}{0} = 2 \cdot \left(5 \cdot \binom{1}{0}\right) = \binom{10}{0}$$

Distributivgesetze:

S-Multiplikation: $k \cdot (\vec{a} \oplus \vec{b}) = k \cdot \vec{a} \oplus k \cdot \vec{b}$

$$2 \cdot \left(\binom{1}{1} \oplus \binom{-1}{3}\right) = 2 \cdot \binom{1}{1} \oplus 2 \cdot \binom{-1}{3}$$

$$= \binom{2}{2} \oplus \binom{-2}{6} = \binom{0}{8}$$

S-Multiplikation: $(k + m) \cdot \vec{a} = k \cdot \vec{a} \oplus m \cdot \vec{a}$

$$(2 + 3) \cdot \binom{4}{-1} = 2 \cdot \binom{4}{-1} \oplus 3 \cdot \binom{4}{-1} = \binom{20}{-5}$$

Teste dein Wissen!

Kapitel „Vektoren“	O.K. ✓	Das muss ich noch mal lesen
Ich kann erklären, was ein Vektor ist.		S. 128
Ich kann verschiedene Bezeichnungen und Schreibweisen für Vektoren angeben.		S. 129
Ich kann die Summe und die Differenz von Vektoren bestimmen und die geometrische Bedeutung erklären.		S. 132, 133
Ich kann die Multiplikation einer reellen Zahl mit einem Vektor rechnerisch und geometrisch durchführen.		S. 133, 134

8 Stochastik

8.1 Kombinatorik

Fakultät

> $n!$ Man spricht: n Fakultät.
>
> $n! = 1 \cdot 2 \cdot 3 \cdot \ldots \cdot (n-1) \cdot n = \prod_{k=1}^{n} k$

Es ist: $1! = 1$

$$\begin{aligned} 2! &= 1 \cdot 2 &&= 2 \\ 3! &= 1 \cdot 2 \cdot 3 &&= 6 \\ 4! &= 3! \cdot 4 &&= 24 \\ 5! &= 4! \cdot 5 &&= 120 \text{ usw.} \end{aligned}$$

Rekursionsformel:

$$n! = (n-1)! \cdot n \text{ für } n \in \mathbb{N}$$

und außerdem gilt:

$$0! = 1.$$

▶ **HINWEIS** Die Zahl $n!$ gibt an, auf wie viele Arten man n Dinge in eine Reihenfolge bringen kann. (↗ ***Permutationen,*** S. 139)

Binomialkoeffizienten

$\binom{n}{k}$ Man spricht: *n* über *k*.

$$\binom{n}{k} = \frac{n \cdot (n-1) \cdot (n-2) \cdot \ldots \cdot (n-(k-1))}{1 \cdot 2 \cdot 3 \cdot \ldots \cdot k} = \frac{n!}{k!\,(n-k)}$$

Es ist $\binom{n}{0} = 1$

BEISPIELE

- $\binom{5}{3} = \frac{5 \cdot 4 \cdot 3}{1 \cdot 2 \cdot 3} = 10$
- $\binom{9}{4} = \frac{9 \cdot 8 \cdot 7 \cdot 6}{1 \cdot 2 \cdot 3 \cdot 4} = 126$

RECHENREGELN $\binom{n}{k} = \binom{n}{n-k}$; $\binom{n}{k} + \binom{n}{k+1} = \binom{n+1}{k+1}$

BEISPIELE

- $\binom{5}{3} = \binom{5}{5-3} = \binom{5}{2} = \frac{5 \cdot 4}{1 \cdot 2} = 10$
- $\binom{5}{2} + \binom{5}{3} = 20 = \binom{6}{3} = \frac{6 \cdot 5 \cdot 4}{1 \cdot 2 \cdot 3} = 20$

Binomischer Lehrsatz

8

$$(a+b)^n = \binom{n}{0} a^n + \binom{n}{1} a^{n-1} b + \binom{n}{2} a^{n-2} b^2 + \binom{n}{3} a^{n-3} b^3 + \ldots$$

$$+ \binom{n}{n-1} ab^{n-1} + \binom{n}{n} b^n$$

$$= \sum_{k=0}^{n} \binom{n}{k} a^{n-k} b^k$$

BEISPIELE

- $(a+b)^2 = \binom{2}{0} a^2 b^0 + \binom{2}{1} a^1 b^1 + \binom{2}{2} a^0 b^2$
  $= a^2 + 2ab + b^2$ (↗ Binomische Formeln, S. 35)
- $(a+b)^3 = \binom{3}{0} a^3 b^0 + \binom{3}{1} a^2 b^1 + \binom{3}{2} a^1 b^2 + \binom{3}{3} a^0 b^3$
  $= a^3 + 3a^2 b + 3ab^2 + b^3$

Durch die Auflistung der ***Binomialkoeffizienten*** allein erhält man des PASCAL'***sche Zahlendreieck,*** mit dessen Hilfe wir auch eine weitere Bestimmungsmöglichkeit für ***binomische Formeln*** höherer Ordnung erhalten.

$\binom{0}{0}$	1	„hoch 0“
$\binom{1}{0}\ \binom{1}{1}$	$1\quad 1$	„hoch 1“
$\binom{2}{0}\ \binom{2}{1}\ \binom{2}{2}$	$1\quad 2\quad 1$	„hoch 2“
	$\diagdown + \diagup$	
$\binom{3}{0}\ \binom{3}{1}\ \binom{3}{2}\ \binom{3}{3}$	$1\quad 3\quad 3\quad 1$	„hoch 3“
	$\diagdown + \diagup$	
$\binom{4}{0}\ \binom{4}{1}\ \binom{4}{2}\ \binom{4}{3}\ \binom{4}{4}$	$1\quad 4\quad 6\quad 4\quad 1$	„hoch 4“
	$\diagdown\ \diagup$	
	$\dots$	

BEISPIEL Durch weitere Addition zweier benachbarter Zahlen findet man die Binomialkoeffizienten der weiteren Zahlen im PASCAL'schen Dreieck. Wir berechnen damit:
$(a + b)^6 = a^6 + 6a^5b + 15a^4b^2 + 20a^3b^3 + 15a^2b^4 + 6ab^5 + b^6$

Zählprobleme

Man unterscheidet folgende Probleme:

> ***Permutation** (geordnete Vollerhebung):*
> Wie viele Möglichkeiten gibt es, alle Elemente einer Menge von n Elementen anzuordnen?

Anzahl der ***Anordnungen***

- von n verschiedenen Elementen

  $n!$

- von n Elementen mit Wiederholung (unter den Elementen sind p, q, r gleiche)

  $\frac{n!}{p! \cdot q! \cdot r!}$

BEISPIELE

- Anzahl der 5-stelligen Zahlen mit Ziffern 1, 2, 3, 5, 8, die die Quersumme 19 haben:

  $5! = 1 \cdot 2 \cdot 3 \cdot 4 \cdot 5$

  $= 120$ Zahlen.

- Anzahl der 5-stelligen Zahlen mit Ziffern 1, 1, 5, 5, 5, die die Quersumme 17 haben:

  $\frac{5!}{2! \cdot 3!} = \frac{1 \cdot 2 \cdot 3 \cdot 4 \cdot 5}{1 \cdot 2 \cdot 1 \cdot 2 \cdot 3}$

  $= 10$ Zahlen.

- Auf wie viele Arten können sich die 12 Schüler einer Arbeitsgemeinschaft (AG) auf 12 Stühle setzen?

  Auf $12! = 479\,001\,600$ Arten.

- Auf wie viele Arten können sich die 7 Mädchen und 5 Jungen einer AG auf 12 Stühle setzen, wenn man nur auf die Merkmalsausprägung Mädchen/Junge achtet?

  Auf $\frac{12!}{7! \cdot 5!} = 792$ Arten.

s-stufig geordnete Stichprobe:
Wie viele Möglichkeiten gibt es, aus einer Menge von *n* Elementen *s* Elemente auszuwählen und anzuordnen (d. h. *mit* Beachtung der Reihenfolge)?

Anzahl der ***Anordnungen***

- von *s* Elementen aus einer Menge mit *n* verschiedenen Elementen (ohne Zurücklegen):

  $$\frac{n!}{(n-s)!}$$

- von *n* verschiedenen Elementen (mit Zurücklegen):

  $$n^s$$

BEISPIELE

- Anzahl der 3-stelligen Zahlen, die sich aus den Ziffern 1, 2, 3, 5, 8 bilden lassen. Jede Ziffer darf nur einmal auftreten:

  $$\frac{5!}{(5-3)!} = \frac{5!}{2!} = \frac{5 \cdot 4 \cdot 3 \cdot 2 \cdot 1}{2 \cdot 1} = 60 \text{ Zahlen.}$$

- Anzahl der 3-stelligen Zahlen aus den Ziffern 1, 2, 3, 5, 8. Jede Ziffer darf beliebig oft auftreten:

  $5^3 = 125$ Zahlen.

- Anzahl der Sitzordnungen, die sich aus 2 Personen und 4 Stühlen bilden lassen. Jeder Stuhl darf nur von 1 Person besetzt werden:

  $$\frac{4!}{(4-2)!} = \frac{4!}{2!} = \frac{4 \cdot 3 \cdot 2 \cdot 1}{1 \cdot 2} = 12$$

- Anzahl der Sitzordnungen, die sich aus 2 Personen und 4 Stühlen bilden lassen. Es dürfen auch 2 Personen auf einem Stuhl sitzen:
  $4^2 = 16$

***s*-stufig ungeordnete Stichprobe:**
Wie viele Möglichkeiten gibt es, aus einer Menge von *n* Elementen *s* Elemente auszuwählen (d. h. *ohne* Beachtung der Reihenfolge)?

Anzahl der ***Möglichkeiten***

- von *n* verschiedenen Elementen ohne Zurücklegen *s* Elemente auszuwählen.

  $\binom{n}{s}$

- von *n* verschiedenen Elementen mit Zurücklegen *s* Elemente auszuwählen.

  $\binom{n+s-1}{s}$

BEISPIELE

- Anzahl der Möglichkeiten, zwei Buchstaben aus der Menge M = $\{a, b, c, d, e\}$ auszuwählen.
  Es gelte $\{a, b\} = \{b, a\}$.
  Buchstaben dürfen nicht doppelt auftreten:

  $\binom{5}{2} = \frac{5 \cdot 4}{1 \cdot 2} = 10$

- Wie viele Möglichkeiten gibt es, beim ***Zahlenlotto*** „6 aus 49“ einen Tippschein auszufüllen?

  $\binom{49}{6} = \frac{49!}{6! \cdot 43!}$

  = 13 983 816 Möglichkeiten.
  Nur eine Möglichkeit entfällt auf 6 Richtige.

- Anzahl der Möglichkeiten, zwei Buchstaben aus der Menge M = $\{a, b, c, d, e\}$ auszuwählen.
  Es gelte $\{a, b\} = \{b, a\}$.
  Buchstaben dürfen doppelt auftreten:

  $\binom{5+2-1}{2} = \binom{6}{2} = \frac{6 \cdot 5}{1 \cdot 2} = 15$

8.2 Wahrscheinlichkeitsrechnung

Grundlegende Begriffe

Zufallsexperiment: Experiment, bei dem man das Ergebnis nicht sicher vorhersagen und das beliebig oft wiederholt werden kann. Alle möglichen Ergebnisse sind bekannt.

BEISPIELE

- Werfen eines Würfels
- Kugelziehen aus einer Urne

Ergebnismenge Ω (Stichprobenraum): Menge aller möglichen Ergebnisse eines Zufallsexperiments.

BEISPIELE

- Würfel: $\Omega = \{1, 2, 3, 4, 5, 6\}$
- Münze: $\Omega = \{\text{Wappen, Zahl}\}$

Ereignis E: Teilmenge der Ergebnismenge oder anders gesagt: Zusammenfassung von Ergebnissen bei einem Zufallsexperiment.

BEISPIEL Werfen eines Würfels: $E = \{\text{gerade Augenzahl}\}$; $E = \{2, 4, 6\}$

Sicheres Ereignis: Ereignis, das bei jeder Versuchsdurchführung eintritt.

BEISPIEL Werfen eines Würfels: $E = \{\text{Augenzahl } n < 7\}$; $E = \Omega = \{1, 2, 3, 4, 5, 6\}$

Unmögliches Ereignis: Ereignis, das bei keiner Versuchsdurchführung eintritt.

BEISPIEL Werfen eines Würfels: $E = \{\text{Augenzahl } n > 7\}$; $E = \{\ \}$

Elementarereignis: Ereignismenge mit nur einem Element.

BEISPIEL Werfen eines Würfels: $\{\text{Augenzahl teilbar durch } 5\}$; $E = \{5\}$

Gegenereignis $\overline{E}$: Gegenteil des Ereignisses E bzgl. der Ergebnismenge Ω.

BEISPIEL Gegenereignis zu E = {gerade Augenzahl} ist $\overline{E}$ = {ungerade Augenzahl}.

Absolute Häufigkeit $H_n(E)$: Anzahl des Eintretens eines Ereignisses bei einem Zufallsexperiment mit n Versuchsdurchführungen (Stichproben).

BEISPIEL Werfen eines Würfels: 2 000 Stichproben.
E = {6 fällt} tritt 329-mal ein: $H_n(E) = 329$.

Relative Häufigkeit $h_n(E)$: Verhältnis der absoluten Häufigkeit zur Anzahl n der Versuchsdurchführungen ***(Stichprobenumfang)***:

$$h_n(E) = \frac{H_n(E)}{n}.$$

BEISPIEL Berechnung am vorigen Beispiel:

$$h_n(E) = \frac{H_n(E)}{n} = \frac{329}{2\,000} = 0{,}1645 = 16{,}45\,\%$$

Die Summe aller relativen Häufigkeiten bei einem Zufallsexperiment ist 1.

8

BEISPIEL Werfen einer Münze, 200 Stichproben
E_W = {Wappen} tritt 92-mal ein, E_Z = {Zahl} tritt 108-mal ein.

$$h_n(W) = \frac{92}{200} = 0{,}46;\ h_n(Z) = \frac{108}{200} = 0{,}54;$$

$$h_n(W) + h_n(Z) = 0{,}46 + 0{,}54 = 1$$

LAPLACE-***Experiment:*** Ein Zufallsexperiment heißt LAPLACE-Experiment, wenn alle einzelnen Ergebnisse die gleiche Wahrscheinlichkeit haben.

BEISPIELE

- Werfen eines Würfels, einer Münze
  ABER NICHT: Werfen eines Reißnagels

- Ziehen einer Kugel aus einer Urne mit n unterschiedlichen Kugeln
  ABER NICHT: Auswahl eines Schülers aus einer Klasse mit 17 Jungen und 14 Mädchen (Merkmal: Junge/Mädchen)

Klassische Wahrscheinlichkeit

Definition für „klassische Wahrscheinlichkeit" *(Gleichverteilung):*

> Bei einem LAPLACE-*Experiment* gilt für die Wahrscheinlichkeit $P(E)$, mit der ein Ereignis eintritt:
>
> $$P(E) = \frac{\text{Anzahl der für } E \text{ günstigen Ergebnisse}}{\text{Anzahl der möglichen Ergebnisse}} = \frac{|E|}{|\Omega|}$$

BEISPIEL Werfen eines Würfels: $E = \{6 \text{ fällt}\}$.

$$P(E) = \frac{1}{6} = 0{,}1\overline{6} = P\{5 \text{ fällt}\} = P\{4\} = P\{3\} = P\{2\} = P\{1\}$$

ANWENDUNG Viele Experimente lassen sich auf LAPLACE-Experimente zurückführen.

BEISPIEL Ziehen einer Kugel aus einer Urne mit drei roten, vier blauen, einer gelben Kugel: Man betrachtet alle Kugeln einzeln: $P\{\text{Ziehen einer roten Kugel}\} = \frac{3}{8}$.

Regeln und Sätze für das Rechnen mit Wahrscheinlichkeiten

> **1.** $0 \leq P(E) \leq 1$
> Der Zahlenwert für die Wahrscheinlichkeit eines Ereignisses liegt zwischen 0 und 1 (oder ist 0 oder 1).

Erklärung: Die Anzahl der günstigen Ergebnisse (Zähler) ist immer kleiner oder gleich der Anzahl der möglichen Ergebnisse (Nenner).

2. $P(\{a_1, a_2\}) = P(\{a_1\}) + P(\{a_2\})$
Summenregel (a_1, a_2: Ergebnisse bei einem Zufallsexperiment)

BEISPIEL Werfen eines Würfels: $P(\{1 \text{ fällt}, 6 \text{ fällt}\}) = \frac{2}{6} = \frac{1}{3}$
$= P(\{1 \text{ fällt}\}) + P(\{6 \text{ fällt}\}) = \frac{1}{6} + \frac{1}{6} = \frac{2}{6} = \frac{1}{3}$

3. $P(\Omega) = 1$
Wahrscheinlichkeit des ***sicheren Ereignisses***

BEISPIEL Werfen eines Würfels: $P(\text{Augenzahl} < 7) = \frac{6}{6} = 1$

4. $P(\varnothing) = 0$
Wahrscheinlichkeit des ***unmöglichen Ereignisses***

BEISPIEL Werfen eines Würfels: $P(\text{Augenzahl} > 7) = \frac{0}{6} = 0$

8

5. $P(\overline{E}) = 1 - P(E)$
Wahrscheinlichkeit des ***Gegenereignisses***

BEISPIEL Werfen eines Würfels: $P(\textit{keine}\ 4 \text{ oder } 5)$:
$E = \{4; 5\}; P(E) = \frac{2}{6} = \frac{1}{3}$ $\quad P(\overline{E}) = 1 - \frac{1}{3} = \frac{2}{3}$

6. $E_1 \subseteq E_2 \Rightarrow P(E_1) \leq P(E_2)$

BEISPIEL $E_1 = \{\text{Augenzahl teilbar durch } 4\} = \{4\}$;
$E_2 = \{\text{gerade Augenzahl}\} = \{2, 4, 6\}$;
$E_1 \subseteq E_2$; $\quad \frac{1}{6} = P(E_1) \leq P(E_2) = \frac{3}{6} = \frac{1}{2}$

Additionssätze

7. $P(E_1 \cup E_2) = P(E_1) + P(E_2)$
Additionssatz für zwei Ereignisse, die unvereinbar sind, für die also $E_1 \cap E_2 = \varnothing$ gilt.

BEISPIEL $E_1 = \{2 \text{ fällt}\}$; $E_2 = \{\text{ungerade Augenzahl}\}$;

$E_1 \cap E_2 = \varnothing$; $\quad P(E_1 \cup E_2) = P(E_1) + P(E_2) = \frac{1}{6} + \frac{3}{6} = \frac{4}{6} = \frac{2}{3}$

8. $P(E_1 \cup E_2) = P(E_1) + P(E_2) - P(E_1 \cap E_2)$
Additionssatz für zwei Ereignisse, die auch gemeinsam auftreten können.

BEISPIEL $E_1 = \{4 \text{ fällt}\}$; $E_2 = \{\text{gerade Augenzahl}\}$;

$E_1 \cap E_2 = \{4 \text{ fällt}\}$; $\quad P(E_1 \cup E_2) = \frac{1}{6} + \frac{3}{6} - \frac{1}{6} = \frac{3}{6} = \frac{1}{2}$

Zusammengesetzte Zufallsexperimente

n-stufiges Experiment: Zusammenfassung von n Teilexperimenten zu einem Experiment.

BEISPIELE

- Mehrmaliges Werfen eines Würfels.
- Mehrmaliges Ziehen einer Kugel aus einer Urne mit/ohne Zurücklegen.

Unabhängige Ereignisse: Das Eintreten eines Ereignisses beeinflusst nicht das Eintreten eines anderen Ereignisses.

BEISPIELE

- Mehrmaliges Ziehen einer Kugel aus einer Urne mit Zurücklegen vor jedem erneuten Zug.
- Geburt eines Kindes; Merkmal Geschlecht.

Bedingte Wahrscheinlichkeit von A unter der Bedingung B: Wahrscheinlichkeit eines Ereignisses A, das abhängig ist von einem anderen Ereignis B, das mit einer bestimmten Wahrscheinlichkeit $P(B)$ eingetreten ist.

$$P(A|B) = P_B(A) = \frac{P(A \cap B)}{P(B)}; \text{ falls } P(B) > 0$$

BEISPIEL Beim Sehtest in einer Schule werden 1239 Jungen (J) und Mädchen (M) auf Rot-Grün-Schwäche (eine Form von „Farbenblindheit“ F) untersucht. Die folgende ***Vierfeldertafel*** dokumentiert das Ergebnis der Untersuchung:

	J	M	Summe
F	57	2	59
$\overline{F}$	674	506	1180
Summe	731	508	1239

8

Wir berechnen folgende Wahrscheinlichkeiten für ein zufällig ausgewähltes Mitglied S der Schülerschaft:

- S ist ein Junge, unter der Bedingung S ist farbenblind:

  $$P(J|F) = P_F(J) = \frac{P(J \cap F)}{P(F)} = \frac{57}{1\,239} : \frac{59}{1\,239} = \frac{57}{59} \approx 0{,}967$$

  Anders gesagt: Falls ein zufällig bestimmtes Mitglied der Schulgemeinschaft farbenblind ist, so ist es mit 96,7 %iger Wahrscheinlichkeit ein Junge.

- S ist ein Mädchen, falls S farbenblind:

  $$P(M|F) = P_F(M) = \frac{P(M \cap F)}{P(F)} = \frac{2}{59} \approx 0{,}034$$

- S ist farbenblind, falls S ein Junge ist:

  $$P(F|J) = P_J(F) = \frac{P(J \cap F)}{P(J)} = \frac{57}{731} \approx 0{,}078$$

- S ist farbenblind, falls S ein Mädchen ist:

$$P(F|M) = P_M(F) = \frac{P(M \cap F)}{P(M)} = \frac{2}{508} \approx 0{,}004$$

- S ist farbenblind:

$$P(F) = \frac{59}{1\,239} \approx 0{,}048$$

Aus der Definition der bedingten Wahrscheinlichkeit ergibt sich der ***Multiplikationssatz*** (hier auch: ***Pfadregel***)

> Ist $P(B) > 0$ und $P(A) > 0$, so gilt:
> $$P(A \cap B) = P(B) \cdot P(A|B)$$
> $$= P(A) \cdot P(B|A).$$

Die bedingte Wahrscheinlichkeit tritt bei mehrstufigen Versuchen auf. Diese lassen sich als Pfade in einem ***Baumdiagramm*** darstellen. Jeder Pfad entspricht einem Ereignis des (hier zweistufigen) Zufallsversuchs.

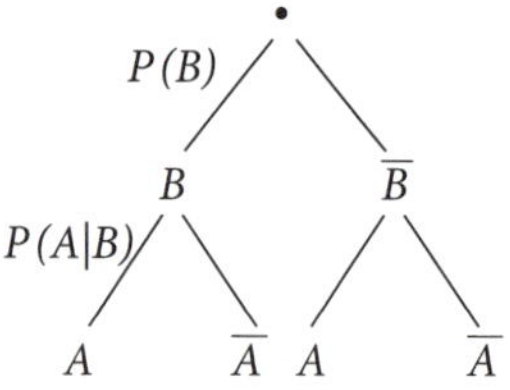

BEISPIEL

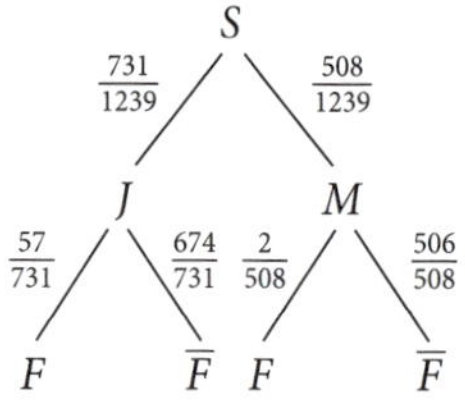

Wahrscheinlichkeit, dass ein zufällig bestimmtes Mitglied der Schulgemeinschaft ein farbenblinder Junge ist

$$P(F \cap J) = \frac{731}{1\,239} \cdot \frac{57}{731} \approx 0{,}046$$

Vertauscht man die Reihenfolge der Stufen in dieser Abbildung, so ändert sich die Wahrscheinlichkeit eines Pfades aufgrund des Multiplikationssatzes nicht.

BEISPIEL

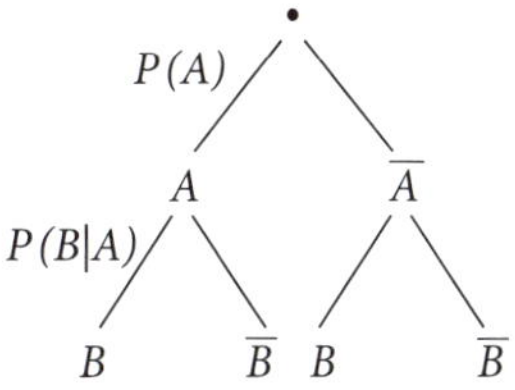

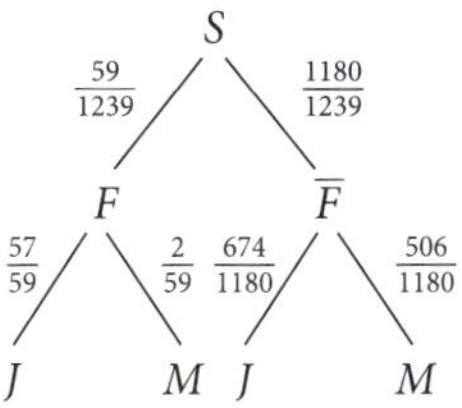

$$P(J \cap F) = \frac{59}{1\,239} \cdot \frac{57}{59} \approx 0{,}046$$

> Für ***unabhängige*** Ereignisse A und B gilt: $P(A|B) = P(A)$ und $P(B|A) = P(B)$. In diesem Fall lautet die ***Pfadregel:***
> $P(A \cap B) = P(A) \cdot P(B) = P(B) \cdot P(A)$.

Mehrstufige Zufallsexperimente

Um die Wahrscheinlichkeit eines Ergebnisses bei einem mehrstufigen Zufallsexperiment zu erhalten, notiert man die Wahrscheinlichkeiten der jeweiligen Stufe des Experiments in einem Pfad eines ***Baumdiagramms*** (auch ***Wahrscheinlichkeitsbaum*** oder Ergebnisbaum) und multipliziert die Einzelwahrscheinlichkeiten *(Pfadregel)*.
(Bei vielen Zufallsexperimenten genügt es, das Baumdiagramm so weit zu skizzieren, dass man das Ergebnis ablesen kann.)

BEISPIEL

In einer Lostrommel befinden sich noch 500 Lose. Die Hälfte davon sind Gewinne, die anderen sind Nieten. Bestimme die Wahrscheinlichkeit, aus dieser Trommel 2 Gewinne (3 Gewinne) hintereinander zu ziehen.

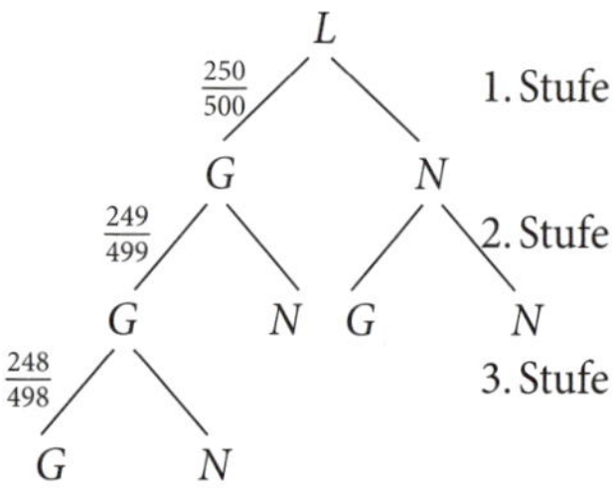

$$P(\text{2 Gewinne}) = \frac{250}{500} \cdot \frac{249}{499} \approx 0{,}249 \mathrel{\hat{=}} 24{,}9\,\%$$

$$P(\text{3 Gewinne}) = \frac{250}{500} \cdot \frac{249}{499} \cdot \frac{248}{498} \approx 0{,}124 \mathrel{\hat{=}} 12{,}4\,\%$$

REGEL Bei zusammengesetzten Ereignissen muss man die Ergebnisse eines Pfades im Baumdiagramm addieren.

BEISPIEL Zwei Würfel werden geworfen. Wie groß ist die Wahrscheinlichkeit, Augenzahl 7 zu würfeln?

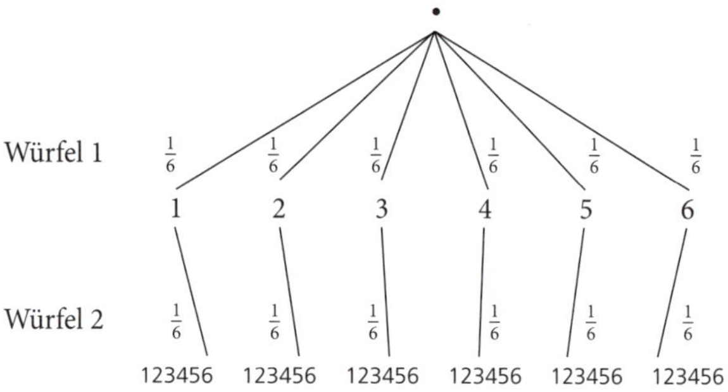

$$P(\text{Augenzahl 7}) = \frac{1}{6} \cdot \frac{1}{6} + \frac{1}{6} \cdot \frac{1}{6} + \frac{1}{6} \cdot \frac{1}{6} + \frac{1}{6} \cdot \frac{1}{6} + \frac{1}{6} \cdot \frac{1}{6} + \frac{1}{6} \cdot \frac{1}{6}$$

$$= 6 \cdot \frac{1}{36} = \frac{1}{6}$$

Bernoulli-Experimente

Zufallsexperimente, bei denen zwei Ergebnisse auftreten können (Erfolg/kein Erfolg).

> Wahrscheinlichkeit bei n-mal hintereinander ausgeführten Bernoulli-Experimenten:
> Berechnet wird die Wahrscheinlichkeit P, dass ein Ergebnis e (mit Wahrscheinlichkeit) p genau k-mal auftritt:
> $P = \binom{n}{k} \cdot p^k \cdot (1-p)^{n-k}$.

BEISPIEL Ein Spielwürfel wird 10-mal geworfen. Wie groß ist die Wahrscheinlichkeit, dass genau dreimal eine 6 gewürfelt wird?

$p(6) = \frac{1}{6}; \quad n = 10; \quad k = 3$

$$P = \binom{10}{3} \cdot \left(\frac{1}{6}\right)^3 \cdot \left(1 - \frac{1}{6}\right)^{10-3} = \frac{10 \cdot 9 \cdot 8}{1 \cdot 2 \cdot 3} \cdot \frac{1}{6^3} \cdot \frac{5^7}{6^7} \approx 0{,}155 = 15{,}5\,\%$$

8.3 Statistik

Statistische Maßzahlen zur Kennzeichnung einer *Häufigkeitsverteilung:*

- *Modalwert* (Modus): häufigster Wert der Stichprobenergebnisse
- *Mittelwert* $\overline{x}$ (arithmetisches Mittel): Division der Summe aller Ergebnisse einer Stichprobe durch den Umfang der Stichprobe

  $$\overline{x} = \frac{x_1 + x_2 + \ldots + x_n}{n} = = \frac{1}{n} \sum_{i=1}^{n} x_i$$

- *Zentralwert* z (Median): in der Mitte der nach ihrer Rangfolge geordneten Ergebnisse der Stichprobe stehender Wert

- ***Varianz s^2 (mittlere quadratische Abweichung):*** Maß für die Verteilung der Ergebnisse einer Stichprobe um ihren Mittelwert $\overline{x}$

$$s^2 = \frac{(\overline{x} - x_1)^2 + (\overline{x} - x_2)^2 + \ldots (\overline{x} - x_{n-1})^2 + (\overline{x} - x_n)^2}{n}$$

$$= \frac{1}{n}\sum_{i=1}^{n} (\overline{x} - x_i)^2 \quad (s \geq 0)$$

- ***Standardabweichung s:*** $s = \sqrt{\frac{1}{n}\sum_{i=1}^{n} (\overline{x} - x_i)^2}$

BEISPIELE

- Die 25 Schüler der Klasse 10a haben die Zeitdauer notiert, die sie für eine bestimmte Mathematikhausaufgabe benötigten. Die verschiedenen Zeitdauern wurden in einer Liste erfasst und aufsteigend geordnet.
  - 10; 15; 15; 16; 18; 18; 18; 18; 18; 19; 20; 22; **22**; 22; 23; 23; 23; 23; 24; 24; 25; 26; 28; 29; 30
  - Modalwert: 18
  - Mittelwert:

    $$\overline{x} = \frac{10 + 2 \cdot 15 + 16 + 5 \cdot 18 + 19 + 20 + 2 \cdot 22 + 4 \cdot 23 + 2 \cdot 24 + 25 + 26 + 28 + 29 + 30}{25}$$

    $$= \frac{529}{25} = 21{,}16$$
  - Zentralwert: $z = 22$
  - Varianz:

    $$s^2 = \frac{1}{25}\,[(21{,}16 - 10)^2 + 2 \cdot (21{,}16 - 15)^2 + (21{,}16 - 16)^2 + 5 \cdot (21{,}16 - 18)^2 + (21{,}16 - 19)^2 + (21{,}16 - 20)^2 + 3 \cdot (21{,}16 - 22)^2 + 4 \cdot (21{,}16 - 23)^2 + 2 \cdot (21{,}16 - 24)^2 + (21{,}16 - 25)^2 + (21{,}16 - 26)^2 + (21{,}16 - 28)^2 + (21{,}16 - 29)^2 + (21{,}16 - 30)^2]$$

    $$= \frac{539{,}36}{25} \approx 21{,}57$$
  - Standardabweichung: $s = \sqrt{21{,}57} \approx 4{,}64$ (min)
  - $21{,}16 - 4{,}64 = 16{,}52$ min; $21{,}16 + 4{,}64 = 25{,}8$
  - Die Mehrzahl der Schüler hat die Aufgaben innerhalb einer Zeit von 16,52 min bis 25,8 min gelöst.

- 25 Schüler der Klasse 10b haben ebenfalls die Zeitdauer notiert, die sie für dieselbe Mathematikhausaufgabe benötigten. Die verschiedenen Zeitdauern wurden in einer Liste erfasst und aufsteigend geordnet.
  - 8; 10; 11; 12; 15; 15; 16; 16; 16; 19; 20; 22; **23**; 23; 23; 23; 23; 23; 24; 25; 26; 28; 30; 32; 33
  - Modalwert: 23
  - Mittelwert:
    $\overline{x} = \frac{10 + 2 \cdot 15 + 16 + 5 \cdot 18 + 19 + 20 + 2 \cdot 22 + 4 \cdot 23 + 2 \cdot 24 + 25 + 26 + 28 + 29 + 30}{25}$
    $= \frac{516}{25} = 20{,}64$
  - Zentralwert: $z = 23$
  - Varianz:
    $s^2 = \frac{1}{25}[(20{,}64 - 8)^2 + (20{,}64 - 10)^2 + (20{,}64 - 11)^2$
    $+ (20{,}64 - 12)^2 + 2(20{,}64 - 15)^2 + 3(20{,}64 - 16)^2$
    $+ (20{,}64 - 19)^2 + (20{,}64 - 20)^2 + (20{,}64 - 22)^2$
    $+ 6(20{,}64 - 23)^2 + (20{,}64 - 24)^2 + (20{,}64 - 25)^2$
    $+ (20{,}64 - 26)^2 + (20{,}64 - 28)^2 + (20{,}64 - 30)^2]$
    $+ (20{,}64 - 32)^2 + (20{,}64 - 33)^2$
    $= \frac{1\,089{,}76}{25} \approx 43{,}59$
  - Standardabweichung: $s = \sqrt{43{,}59} \approx 6{,}6$ (min)
  - $20{,}64 - 6{,}6 = 14{,}04$; $20{,}64 + 6{,}6 = 27{,}24$
    Die Mehrzahl der Schüler hat die Aufgaben innerhalb einer Zeit von 14,04 min bis 27,24 min gelöst.

Das bedeutet: Die Zeiten für die Hausaufgabe bei der Klasse 10a liegen dichter beieinander, sie streuen nicht so sehr um den Mittelwert wie die der Klasse 10b.

Teste dein Wissen!

Kapitel „Stochastik“	O. K. ✓	Das muss ich noch mal lesen
Ich kann die Begriffe *Fakultät* und *Binomialkoeffizient* erläutern.		S. 136
Ich kann bei den unterschiedlichen Zählproblemen die Anzahl der Anordnungen berechnen.		S. 139–141
Ich kann grundlegende Begriffe wie z. B. *Zufallsexperiment, Ergebnismenge* und *Ereignis* erklären.		S. 142, 143
Ich kann erläutern, was ein *Laplace-Experiment* ist und wie man zugehörige Wahrscheinlichkeiten bestimmt.		S. 144
Ich kann wichtige Sätze zur Berechnung von Wahrscheinlichkeiten anwenden.		S. 144, 145
Ich kann den Additionssatz erläutern.		S. 146
Ich kann bedingte Wahrscheinlichkeiten mithilfe der Vierfeldertafel berechnen.		S. 147
Ich kann mehrstufige Zufallsexperimente in einem Baumdiagramm darstellen und mithilfe der Pfadregel entsprechende Wahrscheinlichkeiten berechnen.		S. 148
Ich kann erklären, was ein *Bernoulli-Experiment* ist.		S. 151

Stichwortverzeichnis